名校名师精品
系列教材

U0276785

Python Data Analysis

Python

数据分析

项目式

刘凯洋 刘小华 海龙 ◉ 主编

人民邮电出版社

北 京

图书在版编目（ＣＩＰ）数据

Python数据分析 : 项目式 / 刘凯洋, 刘小华, 海龙
主编. -- 北京 : 人民邮电出版社, 2022.1
名校名师精品系列教材
ISBN 978-7-115-56955-4

Ⅰ. ①P… Ⅱ. ①刘… ②刘… ③海… Ⅲ. ①软件工
具－程序设计－教材 Ⅳ. ①TP311.56

中国版本图书馆CIP数据核字(2021)第136736号

内 容 提 要

本书紧跟数据分析的最新发展趋势，基于 Python 的数据分析平台和工具，全面介绍数据分析的相关知识与技能。本书共 7 个项目，分为 3 部分：基础部分、数据分析部分、机器学习实战部分。基础部分包括项目一和项目二，介绍数据分析环境的搭建，以及 NumPy 的理论和实践知识；数据分析部分包括项目三～项目六，结合案例介绍数据检查、数据呈现、数据多维化等，涵盖真实数据分析工作的完整流程；机器学习实战部分只包括项目七，利用一个神经网络实战案例呈现机器学习的完整过程。

本书选用真实度高的实践案例，深入浅出地介绍与数据分析相关的理论和实践知识。本书可作为高校数据分析相关课程的教材，也可供刚进入数据分析领域的人员及具有实践经验的从业者学习、参考使用。

◆ 主　　编　刘凯洋　刘小华　海　龙
　　责任编辑　初美呈
　　责任印制　王　郁　彭志环

◆ 人民邮电出版社出版发行　北京市丰台区成寿寺路 11 号
　　邮编　100164　电子邮件　315@ptpress.com.cn
　　网址　https://www.ptpress.com.cn
　　固安县铭成印刷有限公司印刷

◆ 开本：787×1092　1/16
　　印张：10.25　　　　　　　　2022 年 1 月第 1 版
　　字数：234 千字　　　　　　2025 年 1 月河北第 6 次印刷

定价：39.80 元
读者服务热线：(010)81055256　印装质量热线：(010)81055316
反盗版热线：(010)81055315
广告经营许可证：京东市监广登字 20170147 号

前 言 PREFACE

随着大数据技术的发展，以及以移动设备、物联网、云计算、人工智能为代表的互联网新时代的到来，数据及其蕴藏的社会经济价值日益受到关注与重视，这对传统数据分析领域提出了新的目标与挑战。诞生于互联网新时代背景下的数据分析具有鲜明的特征：共享知识、开源工具、智能分析、海量数据，其知识技术共享于互联网，其分析工具来自开源免费工具包，其分析技巧融合人工智能技术，其数据规模增长迅猛。如今，数据分析从幕后走向台前，从一个局限于传统科学计算的领域走向适应各行各业需求的应用广泛的专业领域。因此，有志从事数据分析工作的专业人员需了解最新的数据分析与可视化技术，熟悉常用的数据分析平台与工具，掌握丰富的可视化技巧，具有突出的问题解决能力，这样才能适应新时代数据分析工作的岗位。

本书特色

党的二十大报告提出：我们要坚持教育优先发展、科技自立自强、人才引领驱动，加快建设教育强国、科技强国、人才强国。

本书根据新时代、新经济、新互联网对数据分析专业人员的要求，从实践出发，以真实数据集和真实项目需求为基础，以"在实践中学习，在理论中思考"为中心思想，融合编者多年数据分析课程的教学经验，全面贯彻"理论联系实践"的指导思想，精选基础理论内容，精心设置、大力加强实操环节，合理编排章节内容。

本书选用数据分析领域目前普遍采用的基于 Python 的数据分析平台，以功能强大的 Pandas 为核心分析工具，以灵活方便的 Jupyter Notebook 为主要编程工具，打破理论与实践之间的固有界限，有机地结合理论讲解与实践操作，力图实现难度适宜、覆盖全面、重点突出的目标。

本书由具有多年数据分析课程实际教学经验的专业老师编写，以一个记录气温数据的实际数据集为基础，科学地编排理论知识与实践环节，完整地展示一个真实数据分析案例的实施过程，帮助读者掌握数据分析相关的原理与技术。

全书共 7 个项目，其中项目一介绍数据分析所需的环境配置，项目二介绍 NumPy 的相关知识。

项目三介绍数据分析的基础技能，包括数据获取、数据读入、数据检查、数据内容访问。通过该项目的学习，读者能熟悉 Pandas 的基础理论，并通过实践掌握数据分析的前期工作内容，为开展后续复杂的数据分析工作打下良好的基础。

项目四介绍数据分析的核心工作过程，以真实项目需求为出发点，介绍列处理、单级和多级索引处理，以及统计分析。

项目五介绍数据分析工作中的数据清洗和数据转换，并进行初步的数据可视化呈现。数据清洗是数据分析中一个不可或缺的过程，虽然耗时长，但是其完成质量对后续的处理过程及模型质量有着重要的影响。

项目六介绍数据分析过程中的关键环节：数据多维化。

项目七介绍数据分析的后续过程——机器学习的基础知识，并利用一个神经网络实战案例展示机器学习的完整过程，帮助读者从全局熟悉机器学习的整体流程，以及从微观上掌握机器学习各过程的操作细节。

适用对象

本书在内容安排上充分考虑了高校学生的学习特点和高校教学的教学过程，合理选择教学知识点和实践技巧，适合开设数据分析相关课程高校的教师和学生阅读和学习。本书不仅通过浅显易懂的案例帮助学生理解基础理论知识，同时还利用难度适宜的实操环节丰富课堂教学内容，并为不同层次的学生提供大量适宜的练习，从而帮助教师更好地开展教学过程和帮助学生更好地掌握教学内容。

本书既能帮助刚进入数据分析领域的人员快速入门，又能为具有实践经验的从业者提供相关的理论与实践指导，因此适合数据分析领域各层次人员阅读。

最后，向所有帮助和支持本书编写的人员表示感谢！

由于编者水平有限，书中难免存在不妥之处，敬请广大读者批评指正。

编　者

2023 年 5 月

目 录 CONTENTS

基础部分

项目一 数据分析概述与环境配置 …… 1

1.1 项目背景 …… 1

1.2 技能图谱 …… 3

1.3 工具介绍 …… 4

    1.3.1 Python 介绍 …… 4

    1.3.2 核心包介绍 …… 5

    1.3.3 辅助工具介绍 …… 6

1.4 工作环境配置 …… 7

    1.4.1 安装 Python …… 7

    1.4.2 配置虚拟环境 …… 8

    1.4.3 安装第三方包 …… 9

1.5 Jupyter Notebook 使用入门 …… 10

    1.5.1 Notebook 架构 …… 10

    1.5.2 Notebook 启动 …… 10

    1.5.3 Notebook 主页基本操作 …… 11

    1.5.4 Notebook 的保存 …… 12

1.6 项目总结 …… 12

项目二 NumPy 实战 …… 13

2.1 项目背景 …… 13

2.2 技能图谱 …… 14

2.3 数组介绍 …… 14

    2.3.1 创建数组 …… 15

    2.3.2 了解数组特性 …… 18

    2.3.3 了解广播 …… 20

    2.3.4 练习 …… 23

2.4 数组基本操作 …… 24

    2.4.1 变换数组 …… 24

    2.4.2 访问数组 …… 26

    2.4.3 复制数组 …… 29

    2.4.4 练习 …… 31

2.5 数组常用操作 …… 32

    2.5.1 使用 ufunc …… 32

    2.5.2 查询数组 …… 34

    2.5.3 排序数组 …… 35

    2.5.4 练习 …… 37

2.6 项目总结 …… 38

数据分析部分

项目三 全球气温变化趋势（一）——
数据检查 …… 39

3.1 项目背景 …… 39

3.2 技能图谱 …… 40

3.3 数据获取 …… 40

    3.3.1 了解获取途径 …… 40

    3.3.2 了解项目数据 …… 41

    3.3.3 练习 …… 41

3.4 数据读入 …… 41

    3.4.1 了解数据格式 …… 42

    3.4.2 读入数据文件 …… 42

    3.4.3 处理读入异常 …… 43

    3.4.4 练习 …… 43

3.5 数据检查 …… 43

    3.5.1 查看数据集大小 …… 44

    3.5.2 查看列标签和数据类型 …… 44

3.5.3 了解数据结构 ········· 45
3.5.4 练习 ··················· 46
3.6 数据内容访问 ·············· 47
3.6.1 采用[]方式 ············ 47
3.6.2 采用.[i]loc 方式 ······ 49
3.6.3 采用表达式方式 ······· 51
3.6.4 数据可视化 ············ 52
3.6.5 练习 ··················· 53
3.7 项目总结 ···················· 53
项目四 全球气温变化趋势（二）——
数据分析 ··················· 54
4.1 项目背景 ···················· 54
4.2 技能图谱 ···················· 55
4.3 列处理 ······················· 55
4.3.1 重命名列标签 ········· 55
4.3.2 删除、合并列 ········· 56
4.3.3 转换日期数据 ········· 57
4.3.4 练习 ··················· 58
4.4 索引处理 ···················· 58
4.4.1 设置单级索引 ········· 59
4.4.2 设置多级索引 ········· 60
4.4.3 查询索引 ·············· 61
4.4.4 练习 ··················· 63
4.5 统计分析 ···················· 64
4.5.1 实现数据排序 ········· 64
4.5.2 实现简单统计 ········· 65
4.5.3 实现分组统计 ········· 66
4.5.4 练习 ··················· 70
4.6 项目总结 ···················· 71
项目五 全球气温变化趋势（三）——
数据呈现 ··················· 72
5.1 项目背景 ···················· 72

5.2 技能图谱 ···················· 73
5.3 数据清洗 ···················· 73
5.3.1 处理缺失值 ············ 74
5.3.2 检测异常值 ············ 75
5.3.3 处理异常值 ············ 78
5.3.4 练习 ··················· 81
5.4 数据转换 ···················· 82
5.4.1 实现数据替换 ········· 82
5.4.2 实现离散化 ············ 83
5.4.3 实现重取样 ············ 83
5.4.4 练习 ··················· 84
5.5 数据可视化 ·············· 84
5.5.1 绘制折线图 ············ 84
5.5.2 绘制饼图 ·············· 88
5.5.3 绘制柱状图 ············ 89
5.5.4 练习 ··················· 94
5.6 项目总结 ···················· 98
项目六 全球气温变化趋势（四）——
数据多维化 ··················· 99
6.1 项目背景 ···················· 99
6.2 技能图谱 ···················· 99
6.3 数据拆分与拼接 ·········· 100
6.3.1 了解轴向 ············· 100
6.3.2 拆分数据 ············· 101
6.3.3 拼接数据 ············· 103
6.3.4 练习 ·················· 109
6.4 数据透视表 ·············· 109
6.4.1 了解数据透视表 ····· 109
6.4.2 使用 pivot_table() ··· 110
6.4.3 使用 crosstab() ······ 113
6.4.4 练习 ·················· 115
6.5 项目总结 ·················· 115

机器学习实战部分

项目七 机器学习实战——模型的
自我学习 ··················· 117
7.1 项目背景 ·················· 117

7.2 技能图谱 ·················· 119
7.3 背景知识介绍 ············· 119
7.3.1 了解人工智能 ········ 120

7.3.2 了解机器学习 …………………… 125

7.3.3 了解人工智能实际应用……… 129

7.3.4 练习 …………………………… 130

7.4 神经网络简介 ……………………… 130

    7.4.1 了解神经网络 ………………… 132

    7.4.2 了解常见神经网络……………… 136

    7.4.3 了解 CNN ……………………… 139

7.4.4 练习 …………………………… 143

7.5 CNN 实战 ………………………… 143

    7.5.1 预处理数据………………… 143

    7.5.2 构建和训练模型 ……………… 146

    7.5.3 分析模型性能 ………………… 148

    7.5.4 练习 …………………………… 153

7.6 项目总结……………………………… 155

基础部分

项目 一 数据分析概述与环境配置

自人类发明最原始的文字开始，数据便进入人类的生活。从早期原始人略显粗犷的文字绘画，到当前经济社会产生的以实体形态和虚拟形态存在的各种数据，生动地记录了人类在地球上的发展历程。可以说，数据作为人类活动不自觉产生的副产品，当下已成为人类经济活动的重要载体，其在经济、社会、军事等方面的价值日益得到深入的发掘。伴随着社会经济活动日益复杂化与精密化，数据的产生量与日俱增，仅仅依赖传统的人力方式进行数据处理已经远远不能满足目前的数据处理需求。因此，利用最新的计算机技术对海量数据进行整理、统计、分析、可视化呈现的数据分析成为目前数据科学中的一个热门领域，这也极大地增加了数据分析的广度和深度。目前，Python 语言以其语言简洁性、功能强大性、应用广泛性，成为人工智能时代的首选语言，以其为基础的数据分析系统得到数据分析工作者的青睐。因此，作为介绍数据分析技术的第一部分，本项目将介绍数据分析的基础内容，以及搭建一个基于 Python 的数据分析平台的必要步骤。

项目重点

- 数据分析的主要工作内容。
- 数据分析所需的系统环境。
- 数据分析所需的主要工具。
- 数据分析所需的环境配置（Windows 平台）。
- Jupyter Notebook 的基本使用技巧。

1.1 项目背景

据世界经济论坛估计，到 2025 年，全球每天预计产生的数据量为 463EB（Exabyte, 10^{18} 字节）。虽然每天都会产生海量的数据，但是数据本身并不能为人类社会带来直接有益的影响，甚至可能因为数据量级的巨大而给各种决策带来不利的影响。因此，如何高效、充分地从数据中挖掘和发现事物的运行规律，成为人类目前亟须解决的一个问题。一个明显的事实是，处理海量的数据时，仅仅依靠人脑的处理能力是远远不够的，人类需要借助先进的计算机系统，利用其强大的硬件计算能力，以及高效的数据处理算法，以满足大数据时代对数据处理的及时性、准确性、灵活性、自学习性等的要求。这也是数据分析这门科学诞生的背景以及目前获得强劲发展的动力源泉。数据分析的具体定义如下：

数据分析是一门借助于计算机系统，针对海量、结构各异、不规则的数据进行高效处理，从中提取对科学、技术、经济、社会有用的信息，并对人类的各种活动产生有益指导作用的科学。

需要注意的是，这里定义的数据分析是一个狭义的数据分析，也是本书主要涉及的内容；广义的数据分析包括数据获取、数据整理、数据加工和数据分析的整个过程。无论采取狭义定义还是广义定义，数据分析的目的均为从原始数据里面发现和提取有价值的信息，并对未知新问题提供正确的预测性指导。

下面是一个具体的数据分析应用的例子：幸存者概率问题（也被称为幸存者偏差问题）。

图 1-1 所示的是一架伊尔 2 飞机，即便饱受攻击、弹痕累累，但在技术精湛的飞行员的驾驶下，它仍然能翱翔在天空中。这架飞机是一个了不起的奇迹，同时也给第二次世界大战期间的科学家们带来一个挑战：如何提高飞机的生存率，从而最大限度地保护飞行员的生命？一个可行的方案是加强对飞机的防护，但是飞机哪些部位需要加强？第二次世界大战期间的英美军方调查了作战后幸存返航飞机上弹痕的分布，绘制出了一幅飞机各部位着弹分布示意图，如图 1-2 所示。

图 1-1　一架伤痕累累的伊尔 2 飞机

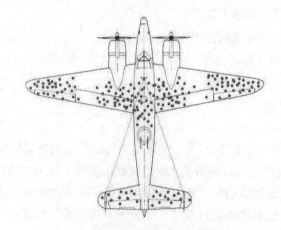

图 1-2　飞机各部位着弹分布示意图

现在，请仔细思考，采用下列哪个方案可以更好地保护飞机和飞行员？

（1）加强图 1-2 中飞机着弹数量较多的部位的防护。

（2）加强图 1-2 中飞机着弹数量较少的部位的防护。

请各位读者自行在网上搜索相关的资料，并思考原始数据为解决这个问题带来的是指导还是干扰。

上述为一个简单的数据处理和分析的例子。一个完整的数据分析包括如下过程。

（1）明确目的：要处理的数据对象是什么，要解决的问题是什么，什么样的信息对解决问题有帮助，以及如何从数据中获取这些信息。

（2）数据收集：针对需要解决的问题，收集相关的数据。这个过程可能需要运用到各种数据收集手段，如人工收集、在线搜索或者整合已有数据；收集的数据可能以多种形式存在，如文本数据、图像数据和音频数据等。

（3）数据处理：对收集到的数据进行处理，使其满足特定的格式，并提升数据质量，为后续进行的数据分析提供一个良好的数据基础。可采用的技术手段包括合并数据、处理"脏"数据（包括缺失值、异常值等）及机器学习所必需的一些专用处理技巧（如向量化、归一化等）。

（4）数据分析：利用既有的计算机软硬件系统，使用各种分析技巧和方法，对上一阶段准备好的数据进行转换、分析、探索和挖掘，从而发现对解决问题有帮助的规律，并能对解决相似问题提供有益的指导。

（5）数据呈现：用各种图、表等可视化方式呈现数据本身及数据分析的规律，以直观、简单、令人印象深刻的方式帮助用户理解数据和解决问题等。常用的图表有散点图、直方图、折线图、饼状图、热点图、云图等。

本书的内容涵盖上述过程中的（3）、（4）和（5），其中（4）和（5）是本书的重点内容。随着需要处理的数据量的快速增长，选用一个合适的计算机处理系统是进行数据分析的第一步。目前，业界流行的数据处理平台包括基于 Python 语言的、基于 R 语言的和基于数据库的等。本书选用基于 Python 语言的数据处理平台，以 Python 为基础，以 NumPy 和 Pandas 包为核心工具，以 Matplotlib 为数据可视化的主要工具，辅以 Folium、IPython、Jupyter Notebook 等其他工具，针对实际数据集，将完整的数据分析过程按照实际工作流程分解成一系列独立、简单、可叠加的操作单元。这样既能帮助读者熟悉微观操作细节，同时又将数据处理流程完整地展现在读者面前。

1.2 技能图谱

为顺利开展后续数据分析的理论学习和技能实操环节，本项目将介绍数据分析所必需的环境配置，以及对应编程工具的常用技巧。随着 Python 的广泛应用，基于 Python 的数据分析平台以其便利性高、扩展性强、人机交互友好等特点日益成为数据分析工作者的首选。因此，本项目将介绍基于 Python 的数据分析平台的相关基础知识及平台的搭建和配置方法，其中重点引入虚拟环境（virtualenv）的基本概念及其使用技巧。另外，本书后续章节中的实践部分采用 Jupyter Notebook 编程工具来提升数据分析代码的编写、运行、调试效率。因此，本项目的最后部分将介绍 Jupyter Notebook 的常用技巧，如 Jupyter Notebook 的启动、Notebook 的新建、代码的运行、Notebook 内容的保存等。图 1-3 所示为本项目涉及的主要技能。

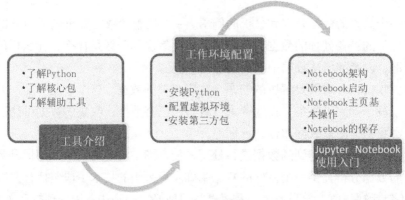

图 1-3　技能图谱

1.3　工具介绍

数据分析涉及数据存储、数据读取、数据处理、数据可视化等多方面的知识与技能，选择合适的工具对提高工作效率具有重要的意义。本节将重点介绍基于 Python 的数据处理平台的包和工具软件，包括适合科学计算与数据分析的 NumPy 和 Pandas 包、提高编程效率的 Jupyter Notebook 工具等。

1.3.1　Python 介绍

目前的科技前沿热点是大数据、云计算、人工智能。这些新颖的技术正在给人类社会和经济活动带来翻天覆地的变化，深刻地影响着每个人的日常活动。Python 语言的广泛运用是促进这些技术快速发展的关键因素之一，Python 语言的特点如下。

（1）简洁：与其他高级编程语言相比，Python 语言的语法结构较为简洁、直观，更符合人类语言的逻辑，包括变量不需要声明即可使用、使用缩进来表示代码嵌套层次、代码长度相对较短等特点，因此是一门对初学者很友好的语言。

（2）启发式编程：Python 是一门解释型语言，虽然相对于 C 语言、C++ 等编译型语言其运行效率较低，但是其运行结果的即时可见性为代码调试、启发式编程提供了强有力的支撑，尤其适用于数据分析领域。现在，数据工作者可以将想法及时地转换为代码，并即时获得结果反馈，从而验证想法的可行性。

（3）强大完备的生态环境：据 PyPI（the Python Package Index）统计，截至 2020 年 7 月 2 日，全球可供下载的 Python 包的数量已经超过 235000 种。这些包极大地降低了编程难度，并帮助 Python 使用者快速地搭建基于 Python 的原型系统。其中，涉及数据处理、机器学习、深度学习等的包，如 NumPy（科学计算）、Pandas（数据处理与分析）、SciPy

（科学计算）、scikit-learn（机器学习）和自然语言处理（Natural Language Processing，NLP）等，在全世界得到广泛的认可和应用。

（4）无缝的跨平台开发：基于其开源特性及大量优秀程序员做出的贡献，Python 已经被移植到许多平台上。大部分的 Python 程序无须修改或只需要少量的修改和配置即可在各种平台上运行，包括 Linux、Windows、FreeBSD、Solaris 等，甚至还有 PocketPC、Symbian 以及 Google 基于 Linux 开发的 Android 平台，这大大减少了系统开发的成本和时间。

得益于简洁、强大、具有丰富的第三方包等特点，Python 被广泛运用于计算机领域，如人工智能、机器学习、数据分析等。下一小节将介绍数据分析中常用的 Python 第三方包。

1.3.2 核心包介绍

强大完备的生态环境，即数目超过 20 万种的第三方包，为 Python 在各领域的应用提供了坚实的基础支持。数据分析领域涉及的主要技术，包括数据加载、数据转换、数据查询、数据聚合、数据拆分、数据可视化等，由 3 个核心包（NumPy、Pandas 和 Matplotlib）实现。NumPy 实现高效的复杂数学运算，为包括数学分析在内的科学计算提供强大的计算平台；Pandas 提供了数据分析中涉及的主要前端功能，如数据加载、数据转换、数据查询、数据聚合与拆分等；Matplotlib 为快速展现数据分析结果提供了一个功能强大的工具集。接下来将分别介绍上述 3 个核心包的主要特点。

1. NumPy

作为 Python 中一个开源的科学计算扩展包，NumPy（Numerical Python）实现了一个支持高效访问的多维数组机制，实现了大量基于多维数组的科学计算功能，提高了数学计算的效率。大多数科学计算包以 NumPy 中的数组作为构建基础，包括 SciPy（开源的数学、科学和工程计算包）、scikit-learn（开源的机器学习工具）和 Pandas 等。熟悉计算机编程和数据结构的读者应该了解一个高效数组的实现对程序运行效率的重大影响。受限于设计原则，Python 语言本身对数组的支持有较大的局限性，缺乏对科学计算所需功能的适当支持。2005 年，为解决以上问题，特拉维斯·奥列芬特（Travis Oliphant）（以及很多其他的贡献者）将现有的 Numeric 和 Numarray 进行整合和优化，从而创建了在科学计算领域得到广泛运用的 NumPy。其主要特点如下。

（1）强大的数组结构：提供一个基于 ndarray 的多维数组，克服了 Python 列表的局限性。

（2）便利的数组操作：提供基于切片和索引的灵活数组访问方式。

（3）高度优化的运行效率：支持列表表达式、广播方法等高级功能，提升了对海量、多维数据的处理效率。

（4）高效的底层代码：底层代码采用 C 语言和 Fortran，保证了代码的运行效率。

（5）完善的科学计算支持：实现了常用的科学计算算法，只需调用即可使用。

NumPy 提供了一个高效、通用的底层数据及功能接口。为了更好地满足数据分析的需求，AQR 资本管理（AQR Capital Management）公司于 2008 年 4 月开发出基于 NumPy 的 Pandas，并于 2009 年底开源，交由 PyData 开发团队进行后续开发和维护。Pandas 内嵌了适用于数据处理的标准数据模型，提供了高效操作大型数据集所需的工具，并且实现了大量快速便捷的数据处理方法，方便数据分析师使用。

2．Pandas

Pandas 的特性如下。

（1）丰富的数据结构：包括 Series、DataFrame 和 Index，提供对数据集的便捷灵活访问。

（2）简单、丰富的功能实现：只需要几行代码即可实现一个数据处理流程。

（3）无缝集成：处理后的数据无须进行任何转换，即可提供给 NumPy、Matplotlib 等使用。

数据分析是和数据打交道的一门学科，虽然处理内容、处理技术和处理结果均基于数据，但最终处理成果仍然需要人们理解和掌握。但是，人类大脑并不擅长在短时间内处理大量的纯文本或者纯数字类型的数据。研究发现，一个普通人能够快速记住的无序数字序列长度大概在 8～12 位。因此，数据可视化，即采用合适的图形图表，快速简洁地向用户展现和传达信息，是数据分析员需要掌握的重要技巧。

3．Matplotlib

在数量众多的开源 Python 可视化包里面，Matplotlib 以其简单而又强大的功能，获得广泛的应用。Matplotlib 是一个基于 Python 的 2D 绘图包，既能快速地创建各种类型的高质量图表，又提供了丰富的定制化结构，方便高级用户对图表进行精细控制。Matplotlib 这个名字由 3 个英文单词的缩写组成：MATLAB、plot 和 library，分别表示 MATLAB 仿真、绘图和包。第一个单词为 MATLAB 是因为 Matplotlib 最初是用来替代科学计算软件 MATLAB 的图形命令的。

Matplotlib 实现了与 NumPy、Jupyter Notebook 和 IPython 的无缝集成，方便用户在 Jupyter Notebook 和 IPython 里面创建、显示和定制图表，提升了开发效率。Jupyter Notebook 和 IPython 将在后文中进行介绍。需要注意的是，如果想利用 Matplotlib 快速创建图表，只需要使用其中的 matplotlib.pyplot 子包即可。

1.3.3 辅助工具介绍

"工欲善其事，必先利其器"（《论语·卫灵公》）。作为数据分析员，不仅需要掌握相关的编程语言和核心包，还需要选择合适的开发环境工具，用来提升学习和实践效率。本小节将介绍在数据分析过程中普遍使用的一些辅助工具包，包括 virtualenv、IPython、Jupyter Notebook、集成开发环境。

1．virtualenv

Python 第三方包的数量成千上万，如果将不同项目涉及的包全部安装在同一个环境下，则包之间容易出现安装依赖冲突和版本冲突。virtualenv 的出现解决了上述问题，它为搭建虚拟且独立的 Python 运行环境提供了一个便捷的解决方案，保证了不同项目环境之间的隔离以及正常运行。例如，创建 data_analysis 虚拟环境用来安装数据分析所需要的包，创建 ai_deep_learning 虚拟环境用来安装深度学习涉及的包等。

2. IPython

Python 作为一门解释型语言，提供了一个简单的、基于文本的交互性代码编辑器（Python Shell）。IPython 在 Python Shell 的基础上提高了用户友好性，如支持自动补全、支持自动缩进、支持 Bash Shell 命令及许多有用的功能和方法。IPython 不支持图形化交互界面（Graphical User Interface，GUI），适用于基于文本的快速探索性程序开发。

3. Jupyter Notebook

Jupyter Notebook 是一个基于 Flask（一个基于 Python 的 Web 编程框架）的 Web 应用程序，允许用户在浏览器页面里面创建、共享、运行代码，并且还支持数学方程式编写、图形图表展示、格式化文本撰写等功能，提升了编程便利性和用户友好性。从用户使用角度来看，Jupyter Notebook 可以被认为是 Web 版本的 IPython，虽然两者在工作方式上有很大的差异。Jupyter Notebook 是本书主要使用的编程工具。

4. 集成开发环境（Integrated Development Environment，IDE）

IPython 和 Jupyter Notebook 适合进行小规模的探索性代码编写，如果程序功能较为复杂、代码行数较多，则需要使用更专业的集成开发环境工具。目前适用于非营利性教学目的的免费的 Python IDE 工具主要包括 Pycharm 社区版和 Visual Studio Code。Pycharm 设置简单、容易上手，Visual Studio Code 灵活、速度快、可定制性高。各位读者可以根据自己的需求选择安装。本书的代码均可在设置好的 Pycharm 及 Visual Studio Code 中运行。

1.4　工作环境配置

本节将介绍如何在 Windows 操作系统上配置数据分析所需的工作环境和工具，其步骤如图 1-4 所示。这里假设读者的计算机已经安装了 Windows 64 位操作系统。

图 1-4　配置步骤示意图

1.4.1　安装 Python

因为 Python 的第三方包由不同的团队、社区、个人维护，相互之间的兼容性需要经过测试和验证，所以建议使用成熟的 Python 3.6.5 以及第三方包，并且从 Python 主页上下载对应版本的安装文件。安装 Python 解释器时，注意图 1-5 中标注的两个地方：如果选择默认安装，则 Python 会被安装到图 1-5 中❶所示的目录下；建议勾选图 1-5 中❷所示的选项，将 Python 目录加入 Path 系统环境变量，便于其他程序调用 Python 相关文件。

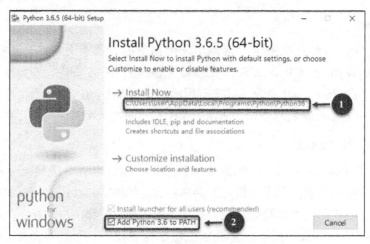

图 1-5   安装 Python 3.6.5

安装完成后，打开 Windows 操作系统自带的命令提示符窗口，输入 python 并运行，验证 Python 是否成功安装并查看 Python 的版本号，如图 1-6 所示。

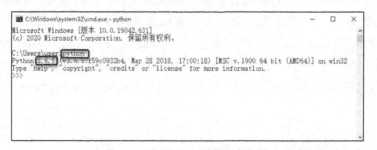

图 1-6   验证 Python 的安装状态

Python 利用 pip 进行第三方包的安装。如果 pip 默认安装源下载速度较慢，可以在执行 pip 命令时加上 -i 参数，将默认安装源替换为指定的国内镜像，提升下载速度。

1.4.2   配置虚拟环境

虚拟环境（virtualenv）能够将不同项目所需的运行环境完全隔离，避免相互之间的干扰。virtualenvwrapper 包中包含 virtualenv 命令，提供了一个更为友好的使用界面。下面以 virtualenvwrapper 为例，介绍虚拟环境的安装与配置。打开 Windows 操作系统自带的命令提示符窗口，并执行以下命令。

```
pip install virtualenvwrapper-win -i https://pypi.douban.com/simple/
```

上述 pip 命令通过 "-i https://pypi.douban.com/simple/" 指定安装源为国内的豆瓣镜像。安装成功后，执行 mkvirtualenv 命令，创建一个名为 data_analysis 的虚拟环境。

```
mkvirtualenv data_analysis
```

默认情况下，虚拟环境的保存目录为%WORKON_HOME%环境变量指定的目录。如果没有指定%WORKON_HOME%，则虚拟环境的保存目录为%USERPROFILE%Envs 环境变量指定的目录。Windows 10 操作系统下对应的虚拟环境默认保存目录为 "C:\Users\[*登录账*

号]\envs"。

安装成功后,执行 workon 命令,验证环境变量的可用性。

```
workon data_analysis
```

如果环境变量创建成功,则运行上述代码将激活 data_analysis 虚拟环境,并在命令提示符窗口中添加"data_analysis"前缀表示目前所激活

的虚拟环境,如图 1-7 所示。之后执行的 Python 相关
命令将只影响 data_analysis 虚拟环境。

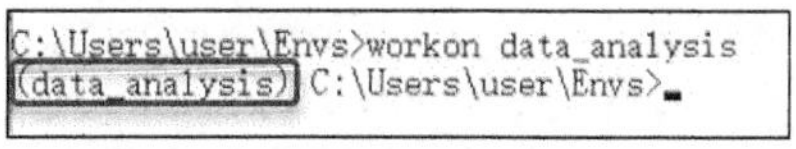

如果想退出当前的虚拟环境,可执行 deactivate 命

```
C:\Users\user\Envs>workon data_analysis
(data_analysis) C:\Users\user\Envs>_
```

图 1-7　激活的虚拟环境示例

令。注意:后续项目的环境配置以及代码运行均以 data_analysis 虚拟环境为基础。

```
deactivate
```

1.4.3　安装第三方包

创建和配置好 data_analysis 虚拟环境后,接下来在 data_analysis 虚拟环境里面安装数据分析所需的第三方包,包括 NumPy、Pandas、Matplotlib、IPython、Jupyter Notebook、Folium、branca、geopandas、OpenCV 等。首先运行下面代码,安装数据分析相关的包。

```
pip install numpy pandas matplotlib -i https://pypi.douban.com/simple/
```

接着安装两个常用的编程工具包:IPython 和 Jupyter Notebook。

```
pip install ipython notebook https://pypi.douban.com/simple/
```

本书利用 Folium 实现地理数据可视化。因为版本管理问题,Folium 所需的 GDAL 和 Fiona 包的默认安装会失败,需自行从网络下载两个文件——GDAL-3.1.4-cp36-cp36m-win_amd64.whl 和 Fiona-1.8.18-cp36-cp36m-win_amd64.whl,并运行下面代码。

```
cd [目录]                    #进入保存 GDAL 和 Fiona 安装文件的目录
pip install GDAL-3.1.4-cp36-cp36m-win_amd64.whl
pip install Fiona-1.8.18-cp36-cp36m-win_amd64.whl
pip install folium branca geopandas -i https://pypi.douban.com/simple/
```

注意,geopandas 默认安装的 pyproj 版本过低,运行地理数据可视化代码的时候会出现 "b'no arguments in initialization list'" 错误,可以运行以下代码安装高版本的 pyproj。

```
pip install --force-reinstall pyproj
```

最后安装与机器学习相关的包。注意各安装包的版本需要一一对应,避免出现因包冲突而导致代码运行错误的情况。

```
pip install tensorflow==2.2 -i https://pypi.douban.com/simple
pip install keras==2.3.1 -i https://pypi.douban.com/simple
pip install opencv-python -i https://pypi.douban.com/simple
```

默认安装的 NumPy 与 keras 之间存在兼容性问题,需要将其降为 1.19.3 版本。

```
pip install numpy==1.19.3 -i https://pypi.douban.com/simple
```

运行 IPython,并输入下面代码验证 TensorFlow 的可用性。

```
import tensorflow as tf
```

Python 数据分析（项目式）

如果出现图 1-8 所示的错误，则表示没有安装 TensorFlow 所需的"适用于 Visual Studio 2015、2017 和 2019 的 Microsoft Visual C++可再发行软件包"，需从图 1-8 中的错误信息最后部分提示的网址进行下载和安装。

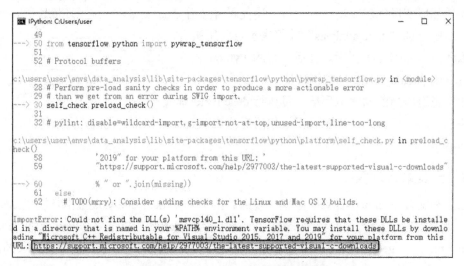

图 1-8　TensorFlow 验证错误示意图

1.5　Jupyter Notebook 使用入门

作为本书代码的编写工具，Jupyter Notebook（以下简称"Notebook"）是一个非常适合进行探索性编程的工具，具有快速运行代码、即时反馈运行结果、支持多种展现形式等特点。因此，本节将介绍 Notebook 的基本操作，方便进行后续的数据分析工作。

1.5.1　Notebook 架构

Notebook 是一个基于 Flask 的 Web 应用程序，其正常运行的时候包括一个后台 Python 核心（服务器）和一个前端工具（浏览器页面）。运行期间不能关闭后台 Python 核心，不然会导致 Notebook 崩溃。

1.5.2　Notebook 启动

在启动 Notebook 之前，需要注意的一点是：Notebook 只属于一个特定的虚拟环境。例如，如果按照 1.4 节进行安装和配置，则会创建两个虚拟环境，分别是默认的 Python 3.6.5 环境（以下称"默认环境"）和 data_analysis 环境。默认环境里面的 Notebook 只能访问默认环境里面的 Python 和包，不能访问 data_analysis 环境里面安装的包；data_analysis 环境里面的 Notebook 也只能访问 data_analysis 环境里面安装的包。因此，启动 Notebook 的时候需要先确认其对应的虚拟环境。

如果环境配置正确且确认其位于 data_analysis 环境下，在命令提示符窗口中执行以下命令以启动 Notebook。

```
jupyter notebook
```

Notebook 成功启动后，会在执行启动命令的命令提示符窗口保留后台 Python 核心，并新建一个显示 Notebook 主页的浏览器页面，供用户输入和运行 Python 代码。

1.5.3 Notebook 主页基本操作

Notebook 主页以工作簿的方式组织、输入、运行代码。新建一个 Notebook 工作簿的方式如图 1-9 所示。

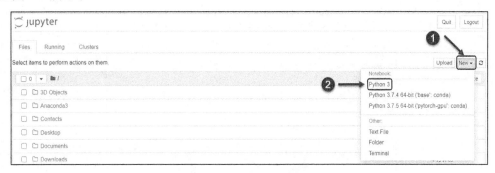

图 1-9　新建一个工作簿

新建的 Python 3 工作簿的界面结构如图 1-10 所示。

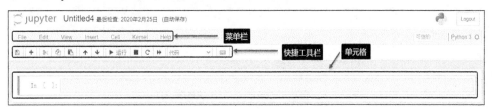

图 1-10　工作簿的界面结构

工作簿界面分为三大部分，分别是菜单栏、快捷工具栏和单元格。其中单元格为核心部分，用于输入和运行代码（包括 Python 代码和 Markdown 代码）。单元格有两种模式：编辑模式和命令模式。它们分别用 Enter 键和 Esc 键激活，并用不同颜色的外框来表示：绿色外框表示编辑模式，蓝色外框表示命令模式。

单元格的编辑模式用来输入、修改和运行代码。常用的快捷键如表 1-1 所示。

表 1-1　编辑模式下常用的快捷键

快捷键	功能	快捷键	功能
Tab	代码补全或者缩进	Shift+Tab	代码提示
Shift+Enter	运行本单元，选中下一单元	Ctrl+Enter	运行本单元
Alt+Enter	运行本单元，在下面插入一个单元	↑	光标上移，或者选中上一单元
↓	光标下移，或者选中下一单元	Esc	进入命令模式

单元格的命令模式同样也能运行代码，其快捷键和编辑模式下的快捷键一致（Shift+Enter、Ctrl+Enter 和 Alt+Enter）。除此之外，命令模式下还可以转变单元格的模式：

Code 模式和 Markdown 模式。Markdown 模式用来输入格式化文本，以及添加代码注释等文字性内容。

1.5.4　Notebook 的保存

Notebook 可以将工作簿保存为不同格式的文件，方便相互之间进行共享。常用的保存格式为.ipynb，如图 1-11 所示。

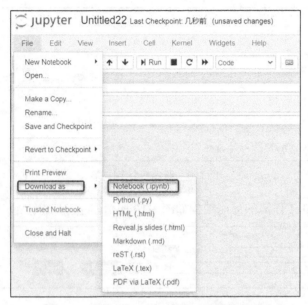

图 1-11　保存 Notebook 中代码的常用方法

1.6　项目总结

随着大数据时代的推进，每时每刻都在产生海量数据，而这些数据需要得到高效的处理，才能更好地服务于经济社会的方方面面，这也为数据分析这门学科提供了广阔的前景。以 Python 为基础的数据分析平台结合了丰富的开源包，正日益成为数据分析领域里最具有吸引力的平台之一，为众多数据工作者提供了良好的职业发展前景。

本项目介绍了适用于数据分析的 Python 环境的配置过程，并重点讲解了 Notebook 的基本使用技巧，帮助读者初步掌握 Python 编程工具的使用方法，为接下来进行实际项目编程打下良好的基础。

项目 二 NumPy 实战

虽然数据分析工作中经常使用 Pandas、Matplotlib、Folium 等包进行各类数据操作与数据展示，但是所需核心功能的实现离不开 NumPy 的支持。数据分析和科学计算涉及海量数据的访问与操作，一个支持高效存储与便利操作的多维数组结构的重要性是不言而喻的。因此，在进行具体数据分析工作之前，有必要介绍一下 NumPy 与 ndarray 数组，包括 ndarray 的基本特性（如轴向、广播、索引）以及适用于 ndarray 的过滤、转置、拼接与分类聚合等操作。通过对本项目的学习，读者应能掌握 ndarray 数组的基础理论知识，并熟悉 ndarray 上的各类操作，能更好地理解 Python 在人工智能、机器学习、科学计算、数学分析等领域的应用原理与实现机制。

项目重点

- 了解 ndarray 结构。
- 了解和创建 ndarray。
- 了解 ndarray 的基本特性。
- 了解和实践 ndarray 支持的操作。
- 了解和实践 ndarray 支持的查询。

2.1 项目背景

NumPy 提供了 ndarray（n-dimensional array）结构（以下简称为 "NumPy 数组" 或 "数组"），为海量高维数据提供了高效的存储方式和丰富的操作手段。NumPy 数组类似于 Python 的内置列表类型，但提供了更好的扩展、更便捷的数据访问、更强大的科学计算支持，是 Python 生态环境中数据分析、科学计算、AI 等系统的内部核心存储结构。因此，了解 NumPy 及数组能多方面提升数据分析工作的效率，帮助数据分析工作者更全面深入地掌握数据分析技能。

（1）更快的执行速度：NumPy 中的核心代码采用执行效率高的 C 语言实现，其单个操作所需的执行时间量级为纳秒（10^{-9} 秒）。与通常的 Python 代码相比，NumPy 为数据分析和科学计算的执行效率带来了巨大的提升。

（2）更少的循环操作：尽管循环操作是计算机编程语言中最强大的语法结构，但是应用于海量数据上的循环操作通常会消耗大量的 CPU 时间与内存资源。NumPy 支持的 ufunc（universal function）能够降低代码复杂度，提升代码执行效率。

（3）更简洁的代码：得益于 ufunc 对代码的简化，基于 NumPy 的数据计算代码减少了对循环的依赖，使其编写形式与人们熟悉的数学公式相差无几，方便数据分析工作者阅读和理解。

除了实现高效的数组结构之外，NumPy 还提供了众多适用于数组的数据操作功能，如变换、转置、广播、索引、拼接、查询等，方便基于 NumPy 的数据分析、科学计算、机器学习等相关包对海量高维数据的迅速处理。综上所述，NumPy 是一个适用于 Python 的开源包，提供一个高效的数组结构，支持运用于数组上的算术运算、逻辑运算，以及傅里叶变换、线性代数等相关计算。下面将逐一介绍 NumPy 的相关基础知识与实践技巧。

2.2 技能图谱

本项目将首先介绍 NumPy 数组的相关基础概念，如数组的结构、形状与轴向；然后介绍数组的基本使用技巧，如数组的创建、数组的索引、切片与广播等；其次介绍数组支持的操作，如查询、转换、运算等；最后介绍数组支持的复杂特性，如 ufunc、统计查询、排序等。图 2-1 所示为本项目的主要内容。

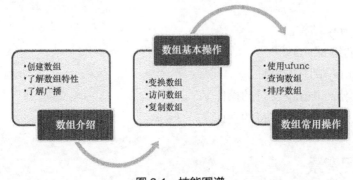

图 2-1 技能图谱

2.3 数组介绍

数据分析项目涉及的数据与格式根据不同项目需求而不同，包括常见的文档数据、图像数据、音频数据与视频数据等。计算机原生支持的数据格式为二进制，因此上述不同格式的数据需要转换为相应的数字类型，才能被计算机有效处理。同时，大量同质的非随机数据之间通常在空间维度、时间维度、认知维度等方面存在一定的关联性，如图像可以被看成一个代表特定空间区域色彩信息或亮度信息的二维数字矩阵，音频片段可以被看成记录随时间变化的振幅数据序列，文本可以被看成符合某种语言规范的字符序列。针对大量、同质、相互关联的数据，一种存储与处理方式为利用现代计算机编程语言提供的数组结构，对其进行高效的存储和处理。虽然 Python 语言内置的列表数据类型能满足海量数据存储的要求，但是由于其采用引用地址的方式存储单个数据单元，相邻数据分散于不同的内存地址，因此批量访问与处理效率较低。NumPy 数组使用连续空间存储数据，确保逻辑上相邻的数据在物理地址空间上也相邻，因此批量访问和处理数据时无须进行额外的寻址操作，执行效率得到大幅提升。给定一个图 2-2 所示的原始二维矩阵数据，NumPy 数组将 9 个数据存储在一个连续内存空间（图 2-2 展示的是一个简化后的数组，但是数据存储方式一致）；而列表会将其按行进行存储，虽然连续存储行内数据，但是分散存储相邻行数据，如图 2-2 所示。作为练习，请读者思考图 2-2 中列表存储方式里面每个"（3）"的含义。

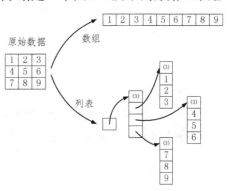

图 2-2　数组与列表对比

除了减少地址访问次数之外，数组的连续存储方式还能快速地计算和定位一个特定数据的地址：只需知道首元素的地址 $\mathrm{Addr}_{x_{0,0}}$（图 2-2 中"1"的存储地址）以及某一数据元素 $x_{i,j}$ 在矩阵中的位置（$x_{i,j}$ 表示第 i 行和第 j 列的元素），则可以快速计算 $\mathrm{Addr}_{x_{i,j}}$，不需要进行任何内存访问。作为练习，参考图 2-2，请读者自行推导 $\mathrm{Addr}_{x_{i,j}}$ 的计算公式。与数组相比，确定列表存储方式中的某一元素的地址需要访问 3 次内存。内存的访问时间量级通常为 10^{-6} 秒，而目前主流的台式计算机的 CPU 的简单指令执行时间量级为 10^{-9} 秒，两者之间的时间量级差距达到 1000 倍。如果只考虑数据访问所需时间，应优先考虑使用数组来处理海量数据。

数组和列表在数据存储方式上的差距可以用下述例子进行类比。假设需要确定一个活动的人员出席情况，如果所有活动参与者均按照签到表名单顺序落座，则出席统计可以简化为按照就座顺序在签到表名单上一一打钩确认，这就是访问数组数据的方式。如果活动参与者采取随机落座的方式，无法将其座位与名单顺序一一对应，则只能采取逐一查询的方式，即重复以下操作：从签到表上确定当前签到名字；呼叫名字，确认是否到场。这就是列表的访问方式。统计同样数量的出席者（即访问同等量级的数据），第一种方式的高效性建立在出席者的按序就座（即连续存储相邻数据元素）特性上，因此确认当前出席者的座位操作只需进行一次（请读者思考唯一一次确认出席者座位操作是什么时候进行的）；第二种方式的低效性源于出席者就座的随机性（即不连续存储相邻数据元素），以及需要反复多次地呼叫当前签到者以确认其座位（即寻找数据地址）。因此，与随机存储方式相比，顺序存储方式更适合处理海量的同质数据。

2.3.1　创建数组

数组为 NumPy 的核心内部对象，因此熟悉 NumPy 的首要任务为熟悉数组的创建。可以用两种不同的方法来创建数组：使用 NumPy 方法和转换其他 Python 结构（如列表）。接下来将逐一介绍这两种方法。

【例 2-1】使用 arange() 方法创建一维数组，如图 2-3 所示。

```
In [1]: import numpy as np

In [2]: array1 = np.arange(10)

In [3]: array1
Out[3]: array([0, 1, 2, 3, 4, 5, 6, 7, 8, 9])
```

图 2-3　使用 arange()方法创建一维数组

arange()方法为 NumPy 的一个内部方法，用来创建一个指定大小的一维数组，如【例 2-1】所示。注意：arange(10)创建的数组不包括元素 10。

【例 2-2】使用 arange()方法创建指定步长的一维数组，如图 2-4 所示。

```
In [4]: array2 = np.arange(10, 100, 30)

In [5]: array2
Out[5]: array([10, 40, 70])
```

图 2-4　使用 arange()方法创建指定步长的一维数组

arange(10,100,30)中的参数 10、100、30 分别为起始值、终止值、步长，即创建的数组包括 10、40（10+30）、70（40+30），但不包括 100。

【例 2-3】使用 zeros()和 ones()创建一维数组，如图 2-5 所示。

```
In [6]: np.zeros(5)
Out[6]: array([0., 0., 0., 0., 0.])

In [7]: np.ones(5)
Out[7]: array([1., 1., 1., 1., 1.])
```

图 2-5　使用 zeros()和 ones()创建一维数组

【例 2-4】使用 empty()和 full()创建一维数组，如图 2-6 所示。

```
In [8]: np.empty(5)
Out[8]: array([1., 1., 1., 1., 1.])

In [9]: np.full(5, 7)
Out[9]: array([7, 7, 7, 7, 7])
```

图 2-6　使用 empty()和 full()创建一维数组

注意，虽然图 2-6 中用 empty()创建的数组元素均为 1，但实际上 empty()使用随机数来填充新创建的数组。请读者试运行 empty(25)，并将运行结果与图 2-6 进行对比。

【例 2-5】使用 linspace()和 random()创建一维数组，如图 2-7 所示。

linspace(0,10,5)返回 0～10 内均匀间隔的 5 个数字，即 0、2.5、5、7.5、10。注意，一个常见的错误为将 linspace()拼写为 linespace()。

```
In [16]: np.linspace(0, 10, 5)
Out[16]: array([ 0. ,  2.5,  5. ,  7.5, 10. ])

In [17]: np.random.random(5)
Out[17]: array([0.93247546, 0.48533458, 0.41810477, 0.75892395, 0.75322673])
```

图 2-7　使用 linspace()和 random()创建一维数组

除了使用 NumPy 的内部方法创建数组，还可以将已有的 Python 数据转换为 NumPy 数组，如将列表和元组数据转换为数组。

【例 2-6】使用 array()转换列表和元组数据，如图 2-8 所示。

```
In [13]: np.array([1, 2, 3, 4, 5])
Out[13]: array([1, 2, 3, 4, 5])

In [15]: np.array((1, 2, 3, 4))
Out[15]: array([1, 2, 3, 4])
```

图 2-8　转换列表和元组数据

以上实例创建的均为一维数组。创建多维数组与创建一维数组类似，只需在调用相关方法时修改相应的参数即可。

【例 2-7】使用 zeros()、ones()、full()和 empty()创建多维数组，如图 2-9 所示。

```
In [19]: np.zeros((3, 4))
Out[19]: array([[0., 0., 0., 0.],
                [0., 0., 0., 0.],
                [0., 0., 0., 0.]])

In [25]: np.ones((2, 3, 4))
Out[25]: array([[[1., 1., 1., 1.],
                 [1., 1., 1., 1.],
                 [1., 1., 1., 1.]],

                [[1., 1., 1., 1.],
                 [1., 1., 1., 1.],
                 [1., 1., 1., 1.]]])

In [22]: np.full((3, 3), 5)
Out[22]: array([[5, 5, 5],
                [5, 5, 5],
                [5, 5, 5]])

In [23]: np.empty((3, 3))
Out[23]: array([[0.00000000e+000, 0.00000000e+000, 0.00000000e+000],
                [0.00000000e+000, 0.00000000e+000, 7.13430793e-321],
                [2.22522596e-306, 0.00000000e+000, 0.00000000e+000]])
```

图 2-9　创建多维数组

【例 2-8】使用 arange()创建多维数组，如图 2-10 所示。

```
In [28]: np.arange(24).reshape(2,3,4)

Out[28]: array([[[ 0,  1,  2,  3],
                [ 4,  5,  6,  7],
                [ 8,  9, 10, 11]],

               [[12, 13, 14, 15],
                [16, 17, 18, 19],
                [20, 21, 22, 23]]])
```

图 2-10　使用 arange()创建多维数组

【例 2-8】先使用 arange(24)生成包含 24 个元素的一维数组，再调用 reshape()将其转换为一个三维数组，每个维度的元素个数分别为 2、3、4。需要注意，转换前后的元素个数需保持一致，即转换前一维数组的元素个数与转换后多维数组的元素个数需相等。请读者运行下面代码，并解释产生错误的原因。

```
np.arange(24).reshape(2,3,5)
np.arange(24).reshape(2,10)
```

2.3.2　了解数组特性

2.3.1 小节中介绍了创建数组的多种方式，本小节将介绍数组的基本特性，包括数据类型、轴向、形状。NumPy 只支持同质数组，即一个数组里面只能存储相同类型的数据，不支持混杂不同类型数据的数组。NumPy 的核心代码采用 C 语言编写，因此 NumPy 支持的数据类型与 C 语言支持的数据类型密切相关，如表 2-1 和表 2-2 所示。

表 2-1　NumPy 常见数据类型以及对应的 C 语言数据类型

NumPy 数据类型	C 语言数据类型
np.bool_	bool
np.short	short
np.intc	int
np.int_	long
np.uint	unsigned long
np.single	float
np.double	double

表 2-2　NumPy 常见数据类型以及对应的 C 语言数据类型（固定长度）

NumPy 数据类型	C 语言数据类型
np.int8（8 位整数）	int8_t
np.int16（16 位整数）	int16_t
np.int32（32 位整数）	int32_t

NumPy 数据类型	C 语言数据类型
np.int64（64 位整数）	int64_t
np.uint64（无符号整数）	uint64_t
np.float32（32 位单精度浮点数）	float
np.float64（64 位双精度浮点数）	double

【例 2-9】查看数组的数据类型。

数组的数据类型可以通过 dtype 属性进行查看，如图 2-11 所示。注意，不同的库函数使用不同的默认数据类型。

```
In [35]:  array4 = np.arange(10)
          array4.dtype

Out[35]:  dtype('int32')

In [36]:  array5 = np.zeros(5)
          array5.dtype

Out[36]:  dtype('float64')
```

图 2-11　查看数组的数据类型

【例 2-10】创建指定数据类型的数组。

创建数组时，也可以通过设置 dtype 参数来指定数据类型，如图 2-12 所示。

```
In [40]:  array4 = np.arange(10, dtype=np.float16)
          array4.dtype

Out[40]:  dtype('float16')

In [41]:  array5 = np.zeros(5, dtype=np.uint)
          array5.dtype

Out[41]:  dtype('uint32')
```

图 2-12　创建指定数据类型的数组

与列表相比，NumPy 数组为多维数组提供高效的支持，并且为高维数组引入一个记录结构信息的属性：形状（Shape）。其不仅包含通常的秩（维度的数量），还包含每个维度上的元素数量。许多机器学习和科学计算包里面的方法只接收特定形状的参数，因此需要特别留意对参数形状与方法的要求是否一致。数组的形状可以通过输出 shape 属性来查看，其返回值的类型为元组。图 2-13 中的 array6 为一维数组，总共有 32 个元素，因此 shape 返回 "(32,)"，表示 array6 只有一个维度，第一个维度上共有 32 个元素。图 2-13 中的 array7 是一个二维数组，因此 shape 返回 "(4,8)"，表示 array7 有两个维度，每个维度上的元素个数分别为 4 和 8，即一个形状为 4×8 的二维矩阵。

【例 2-11】查看数组的形状。

```
In  [47]: array6 = np.arange(32)
          array6.shape
Out[47]: (32,)

In  [48]: array7 = np.arange(32).reshape(4, 8)
          array7.shape
Out[48]: (4, 8)
```

图 2-13   查看数组的形状

如果需要获取特定维度上的形状，可以通过下标单独读取所需信息，如下面代码所示。

```
array7.shape[0]
array7.shape[1]
```

与形状密切相关的另外一个数组属性为轴向（Axis），即一个表示维度序号的整数。作为一个支持各类科学计算的基础包，NumPy 存储和处理的数据大都为多维数组，而同一个操作在多维数组上可能具有多种不同的操作方向，因此 NumPy 引入轴向概念来指示操作的方向。一维数组只有一个轴向（axis=0）；二维数组有两个轴向，分别为 axis=0（垂直轴向）和 axis=1（水平轴向）；三维或以上数组以此类推。轴向对数据操作具有重要影响，如图 2-14 所示。其中，array8 为一个二维数据，形状为(2,3)。如果调用 np.max()时未指定 axis 参数，则 np.max()默认返回 array8 所有元素中的最大值。如果指定了 axis 参数，则 np.max()沿着指定轴向对每组数据求最大值。如当 axis=0 时，表示按照垂直轴向求最大值，也就是按列计算最大值，因此第一列的计算结果为 3，第二列的计算结果为 4，第三列的计算结果为 5，最终合并返回[3,4,5]。同理，当指定 axis=1 时，表示按水平轴向求最大值，返回结果为[2,5]。需要注意的是，不少 NumPy 方法具有和 np.max()类似的操作，当不指定轴向时对数组中所有元素进行操作，反之则按照指定轴向进行操作。

【例 2-12】使用不同轴向参数调用 max()。

```
In  [58]: array8 = np.arange(6).reshape(2, 3)
          array8
Out[58]: array([[0, 1, 2],
                [3, 4, 5]])

In  [59]: np.max(array8)
Out[59]: 5

In  [60]: np.max(array8, axis=0)
Out[60]: array([3, 4, 5])

In  [61]: np.max(array8, axis=1)
Out[61]: array([2, 5])
```

图 2-14   使用不同轴向参数调用 max()

2.3.3　了解广播

不同大小的数组不能进行加、减或通常的算术运算。但是，实际项目中经常需要对大小不同的数组进行处理和运算，因此 NumPy 引入广播机制（Broadcasting），用于解决不同大小数组之间的算术运算问题。广播机制的原理为适当"扩大"数组的形状，使得两个数组的形状完全相同。通常数组之间的算术运算要求参与计算的两个数组的形状完全一样，即维数相同，并且每个维度上的元素个数也相同，如下面代码所示。

```
x = np.array([1,2,3])
y = np.array([4,5,6])
z = x + y          #z 的值为[5,7,9]
```

下面代码在运行时会出错，因为 x 和 y 的形状不同，一个为(2,)，另外一个为(3,)。

```
x = np.array([1,2])
y = np.array([4,5,6])
z = x + y          #错误代码
```

为解决不同形状数组之间的算术运算问题，使用广播对数组进行变换，从而实现形状不同的数组之间的算术运算。广播的核心原理为按照一定的规则对数组进行扩展和复制，从而使多个数组的形状一致，其主要步骤如下所述。

（1）扩展：如果数组维数不同，则扩展维数少的数组，在其形状中添加前缀 1，使其维数与维数最多的数组的维数相等。例如，如果 x.shape=(2,)、y.shape=(7,2,3)，则扩展 x 的维数：x.shape=(1,1,2)。

（2）复制：如果某一轴向的长度为 1，则沿此轴向复制此轴向上唯一的数据，使其长度与所有数组在此轴向上的最大长度相等。需要说明的是，NumPy 并没有进行真正的复制操作，而是通过指针来模拟复制操作。另外，如果多个数组在某个轴向上的长度不相等并且不为 1，则复制失败。

（3）计算：执行完广播后的数组具有相同的形状，因此可以进行相应的算术运算。

以下面的标量与一维数组之间的运算为例。

```
x=1
y=np.array([2,3,4])
z = x + y          #z = [2 + 1, 3+1, 4 + 1]=[3, 4, 5]
```

上面代码中，x 的形状为()，而 y 的形状为(3,)，因此广播操作如下。

（1）扩展：x 的维度不够，将其扩展为(1,)（即 x=[1]）。

（2）复制：扩展后的 x 的 0 轴长度为 1，而 y 的 0 轴长度为 3，因此复制两次"1"（x=[1,1,1]）。复制操作执行完毕后，x 的形状为(3,)。

（3）计算：将广播后的 x 和 y 的对应元素分别相加，得到[3,4,5]。

以一个标量和一个二维数组之间的运算为例，代码如下。

```
x=1
y=np.arange(6).reshape(2,3)
z = x + y          #z = [[1,2,3],[4,5,6]]
```

x 的形状为()，而 y 的形状为(2,3)，因此广播操作如下。

（1）扩展：x 的维度不够，将其扩展为(1,1)（即 x=[[1]]）。

（2）复制：现在 x 的形状为(1,1)，需要经过复制操作变为(2,3)。如果多个维度的长度不相等，则遵循由里至外的顺序。因此，先处理最里面（即序号最大）的维度，对"1"沿 1 轴进行两次复制操作，使 x 的形状变为(1,3)。此时，x=[[1,1,1]]。接下来处理 0 轴，将[1,1,1]沿 0 轴复制一次，使 x 的形状变为(2,3)。此时，x=[[1,1,1],[1,1,1]]。复制操作执行完毕后，x 的形状为(2,3)。

（3）计算：将广播后的 x 和 y 的对应元素分别相加，得到[[1,2,3],[4,5,6]]。

以两个二维数组之间的运算为例，代码如下。

```
x=np.arange(4).reshape(1,4)
y=np.arange(4).reshape(4,1)
z = x + y
z              #z = [[0,1,2,3],[1,2,3,4],[2,3,4,5],[3,4,5,6]]
```

x 的形状为(1,4)，y 的形状为(4,1)，因此广播操作如下。

（1）扩展：x 和 y 的维数相同，无须扩展。

（2）复制：y 的 0 轴长度为 4，x 的 0 轴长度为 1，需要通过复制操作将 x 的 0 轴长度变为 4。x 在 0 轴上的唯一元素为[0,1,2,3]，对其进行 3 次复制，如图 2-15（a）所示。同理，对 y 的 1 轴进行复制操作，如图 2-15（b）所示。

（3）计算：省略。

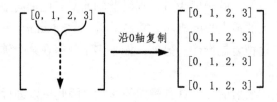

（a）对 x 进行广播

（b）对 y 进行广播

图 2-15　广播操作示例 1

作为广播的最后一个实例，对如下两个数组进行广播操作。

```
x=np.arange(2)
y=np.arange(8).reshape(4,2,1)
z = x + y
```

x 的形状为(2,)，y 的形状为(4,2,1)，因此广播操作如下。

（1）扩展：x 的形状扩展为(1,1,2)，y 无须扩展。

（2）复制：x 需要沿 0 轴和 1 轴进行复制，最终具有(4,2,2)的形状，如图 2-16 所示。

请读者自行思考绘制 y 的复制过程。

（3）计算：省略。

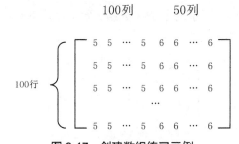

图 2-16 广播操作示例 2

2.3.4 练习

【练习 2-1】创建一个形状为（5,）的数组，数据元素均为 6。

【练习 2-2】创建一个形状为（3,4）的数组，数据元素均为 6，并且数据类型为 np.float。

【练习 2-3】创建图 2-17 所示的数组，其形状为（100,150）。

$$
\begin{array}{c}
\underset{100列}{} \quad\quad\quad \underset{50列}{} \\[4pt]
100行\left\{
\begin{bmatrix}
5 & 5 & \cdots & 5 & 6 & 6 & \cdots & 6 \\
5 & 5 & \cdots & 5 & 6 & 6 & \cdots & 6 \\
5 & 5 & \cdots & 5 & 6 & 6 & \cdots & 6 \\
 & & & \cdots & & & & \\
5 & 5 & \cdots & 5 & 6 & 6 & \cdots & 6
\end{bmatrix}
\right.
\end{array}
$$

图 2-17 创建数组练习示例

【练习 2-4】绘制下面代码中 x 和 y 的广播过程，计算 z 值。

```
x=10
y=np.arange(4)
z = x + y
```

【练习 2-5】绘制下面代码中 x 和 y 的广播过程，计算 z 值。

```
x=10
y=np.arange(4).reshape(1,4)
z = x + y
```

【练习 2-6】绘制下面代码中 x 和 y 的广播过程，计算 z 值。

```
x=np.arange(4).reshape(4,1)
y=np.arange(16).reshape(1,16)
z = x + y
```

【练习 2-7】绘制下面代码中 x 和 y 的广播过程，计算 z 值。

```
x=np.arange(4).reshape(2,2)
y=np.arange(16).reshape(4,-1,2)
z = x + y
```

【练习 2-8】绘制下面代码中 x 和 y 的广播过程，计算 z 值。

```
x=np.arange(4)
y=np.arange(16).reshape(4,1,4)
z = x + y
```

【练习 2-9】解释下述代码运行出错的原因。

```
x=np.arange(4)
y=np.arange(16).reshape(4,2,2)
z = x + y
```

【练习 2-10】绘制下面代码中 x、y、z 的广播过程，计算 x+y+z。

```
x= np.arange(5)
y = np.arange(15).reshape(3,5)
z=np.arange(12).reshape(4,3,1)
x+y+z
```

【练习 2-11】创建图 2-18 所示的乘法表数组，要求使用 NumPy 广播机制实现，不使用循环。

$$\begin{bmatrix} 1 & 2 & 3 & 4 & 5 & 6 & 7 & 8 & 9 \\ 2 & 4 & 6 & 8 & 10 & 12 & 14 & 16 & 18 \\ & & & & \cdots & & & & \\ 9 & 18 & 27 & 36 & 45 & 54 & 63 & 72 & 81 \end{bmatrix}$$

图 2-18　创建乘法表数组示例 1

【练习 2-12】创建图 2-19 所示的乘法表数组，要求使用 NumPy 广播机制实现，不使用循环。（提示：这是一个字符串数组。）

$$\begin{bmatrix} 1*1=1 & 1*2=2 & \cdots & 1*9=9 \\ 2*1=2 & 2*2=4 & \cdots & 2*9=18 \\ & & \cdots & \\ 9*1=9 & 9*2=18 & \cdots & 9*9=81 \end{bmatrix}$$

图 2-19　创建乘法表数组示例 2

2.4　数组基本操作

2.3 节介绍了 NumPy 中数组的基础概念，并练习了数组的创建以及 NumPy 中特有的广播机制。本节将介绍数组的基本操作，包括数组的变换、数组的访问以及数组的复制。

2.4.1　变换数组

数组具有形状属性，用来描述一个数组的维度以及每个维度的长度。事实上，无论是一维数组还是多维数组，其所有数组元素均以一维数组的方式存储在一个连续的内存区域，辅以记录数组结构信息的数据，使得 NumPy 可以高效地访问和处理任意元素。因此，可以按照一定规则修改 NumPy 数组的形状，以满足不同的计算要求。NumPy 提供了 3 种常用的修改数组形状的方法，分别是 reshape()、vstack()/hstack()、vsplit()/hsplit()。作为最方便的形状变换方法，reshape()不对原始数组进行修改，而是返回一个指定形状的新数组，其元素通过复制原始数组元素得到，如【例 2-13】所示。

【例 2-13】使用 reshape()变换数组形状。

```
x = np.arange(12)          #x 为一个一维数组
x.shape                    #输出：(12,)
x = x.reshape((3,4))       #x 为一个 3×4 的二维数组。注意：变换后的数组元素个数不变
x.shape                    #输出：(3,4)
x = x.reshape((2,2,3))     #x 为一个 2×2×3 的三维数组
x.shape                    #输出：(2,2,3)
x = x.reshape((3,5))       #运行出错，变换前后的元素个数不一致
x.resize((3,5))            #resize()使用 0 填充缺少的元素
x = x.reshape((-1,6))      #-1 参数表示需计算对应维度的长度，本例中 0 轴长度为 12/6=2
x = x.reshape((-1,-1,6))   #运行出错，只能有一个维度参数为-1
x.ravel()                  #将 x 降为一维数组
```

分配数组元素至各维度时，reshape()默认采取 C 语言风格，即按从右往左的顺序处理各维度的元素分配，如图 2-20 所示。

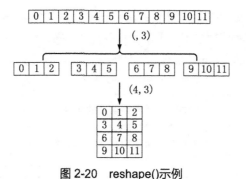

图 2-20　reshape()示例

reshape()复制一个已有的数组，并将新数组变换为指定形状。如果需要拼接多个数组，则需利用 vstack()、hstack()和 concatenate()。需要注意的一点：无论拼接数组的维度大小是多少，vstack()、hstack()总是沿着 0、1 轴进行拼接。

【例 2-14】拼接数组示例。

```
x = np.arange(6).reshape(2,3)
y = np.linspace(6,11,6, dtype=np.uint).reshape(2,3)
x                 #输出：[[0,1,2],[3,4,5]]
```

```
y                            #输出：[[6,7,8],[9,10,11]]
np.hstack((x,y))             #输出：[[0,1,2,6,7,8],[3,4,5,9,10,11]]
np.vstack((x,y))             #输出：[[0,1,2],[3,4,5],[6,7,8],[9,10,11]]
np.concatenate((x,y),axis=0) #等价于 np.vstack((x,y))
np.concatenate((x,y),axis=1) #等价于 np.hstack((x,y))
```

与拼接操作相反，vsplit()、hsplit()用于实现数组的切分，如【例 2-15】所示。

【例 2-15】切分数组示例。

```
x = np.arange(12).reshape(3,4)
np.vsplit(x,3)            #将 x 沿 0 轴分割为 3 个数组，输出 3 个形状为(1,4)的新数组
np.hsplit(x,2)            #将 x 沿 1 轴分割为 2 个数组，输出 2 个形状为(3,2)的新数组
np.split(x,3,axis=0)      #等价于 np.vsplit(x,3)
np.split(x,2,axis=1)      #等价于 np.hsplit(x,2)
np.split(x,[1,3],axis=1)     #按照切片[:1]、[1:3]、[3:]沿 1 轴进行切分
```

2.4.2 访问数组

与 Python 中的列表结构类似，可以利用整数下标、切片、整数列表、整数数组、布尔型数组、元组（针对多维数组）等多种索引方式访问 NumPy 数组，不同之处在于 NumPy 会对结果进行额外的处理。NumPy 对数组的访问操作包括两个基本处理过程：获取结果集合和变换形状。访问数组元素的代码格式为：array[0 *轴索引*, 1 *轴索引*, ...]。其中 i 轴索引可以为标量、切片、整数列表、整数数组、布尔型数组或元组，不同索引结构对应的结果集如表 2-3 所示（以 0 轴为例），假设 x 为一个一维数组。

表 2-3　不同 0 轴索引结构对应的结果集

索引结构	结果集	示例
标量 j	0 轴中下标为 j 的元素	x[2]：0 轴中下标为 2 的元素
切片	0 轴中下标属于切片的元素	x[1:3]：0 轴中下标为 1 和 2 的元素
一维整数数组 np.array([$j_1,j_2,...,j_n$])	0 轴中下标分别为 $j_1,j_2,...,j_n$ 的元素	x[np.array([1,2,3])]：0 轴中下标为 1、2、3 的元素
一维整数列表[$j_1,j_2,...,j_n$]	与一维整数数组相同	x[[1,2,3]]
多维整数数组	等价于把多维数组变为一维数组	x[np.array([[1,2],[3,4]])]等价于 x[np.array([1,2,3,4])]
多维整数列表	不建议使用	无
布尔数组[$j_1,j_2,...,j_n$]	布尔数组中 True 值下标对应的元素	x[[True,False,True]]：0 轴下标为 0 和 2 的元素

一旦获取被索引的数组元素后，NumPy 将按照下面的形状计算公式对结果集合进行变换：

0 轴形状，1 轴形状，...

其中 i 轴形状的计算方法如表 2-4 所示（以 0 轴为例）。

表 2-4　结果集中 i 轴形状的计算方法

i 轴索引结构	结果集中 i 轴形状
无	i 轴形状=查询数组的 i 轴形状
标量索引	i 轴形状=无
切片索引	i 轴形状=切片索引包含的数值个数
整数数组索引	i 轴形状=整数数组索引的形状*
布尔数组索引	i 轴形状=布尔数组索引中 True 值个数

*注意：如果多个轴上使用形状相同的整数数组索引，则只保留使用数组索引的第一个轴向的形状，删除使用相同形状数组索引的其余轴向的形状，如【例 2-18】所示。

【例 2-16】和【例 2-17】以一个一维数组和一个二维数组为例，展示了使用整数下标和切片访问数组的技巧。多维数组的访问方式与【例 2-17】中的二维数组访问方式类似。在不引起歧义的情况下，以下均用"第 i 个"作为"下标为 i"的简化表示（注意：NumPy 数组下标编号以 0 作为起始序号，因此"第 0 个"指下标为 0 的元素）。【例 2-16】将演示如何利用单个整数和切片来访问数组中的特定元素和一组元素。

【例 2-16】利用整数索引和切片索引访问一维数组。

```
x = np.arange(10)
```

- x[3]：先获取结果集，即访问 x 中的第 3 个元素，因此结果集为[3]。因为本例中使用标量索引来访问 0 轴数据，参考表 2-3，得知变换后的结果集形状为(,)，即需将结果集形状变换为标量，所以最后返回标量 3。

- x[2:5]：访问 x 中第 2 个到第 4 个之间的元素（不包括终止值 5），结果集为[2,3,4]。0 轴使用切片索引，因此 0 轴形状为切片索引的数值个数，即 3，将结果集的形状转换为(3,)，最后返回[2,3,4]。

- x[:5]：访问 x 中第 0 个到第 5 个之间的元素，输出为[0,1,2,3,4]。NumPy 采用与 Python 中切片相同的处理方式，省略切片中的开始值表示从第 0 个元素开始。结果集形状的确定方式与 x[2:5]相同，不再赘述，下同。

- x[7:]：访问 x 中第 7 个到最后一个元素，输出为[7,8,9]。省略切片中的终止值表示一直到最后一个元素。

- x[5::-1]：倒序访问第 5 个到第 0 个元素，输出为[5,4,3,2,1,0]。指定步长为–1 表示倒序访问数组元素。

【例 2-17】利用整数索引和切片索引访问二维数组。

```
y = np.arange(12).reshape(3,4)
```

- y[2,1]：0 轴索引和 1 轴索引均为标量索引，即访问 y 中第 2 行第 1 列的数据，结果集为[9]。参考表 2-3，最终结果集形状为(,)，因此返回标量 9。
- y[1]：0 轴索引为标量，1 轴没有指定索引，即访问第 1 行所有列的数据，结果集为[4,5,6,7]。参考表 2-3，0 轴形状为无，因为 0 轴指定了一个标量索引；1 轴形状为 4，因为 1 轴没有指定任何索引，所以使用 y 的 1 轴形状。综上所述，最终形状为(,4)，即(4,)，因此返回[4,5,6,7]。
- y[:2,2:3]：访问 y 中的第 0 行的第 2 列至第 1 行的第 2 列的数据，结果集为[2,6]。0 轴和 1 轴均指定了切片索引，且分别包括 2 个和 1 个数值，因此最终形状为(2,1)，即返回[[2],[6]]。
- y[:,0]：访问所有行的第 0 列数据，最终输出结果为[0,4,8]。请读者自行计算最终形状。

下面以整数数组索引方式访问 NumPy 数组。注意：避免使用多维整数列表作为索引。

【例 2-18】利用一维整数数组索引方式访问数组。

```
x = np.arange(10)
y = np.arange(12).reshape(3,4)
```

- x[np.array([1])]：0 轴索引为一维整数数组索引[1]，以数组索引中的元素 1 作为下标，获得的结果集为[1]。变换形状时，0 轴形状为其一维数组索引的形状，即 1，因此最后形状为(1,)，返回[1]。
- x[np.array([1,1,3])]：以整数数组索引中的元素 1、1 和 3 作为下标访问数组，获得[1,1,3]，并将结果集的形状转换为(3,)，最后返回[1,1,3]。
- y[np.array([1])]：0 轴索引为一个一维数组索引，因此结果集中包含第 1 行数据，即[4,5,6,7]。变换形状时，0 轴形状为对应的数组索引形状，即 1；1 轴未指定索引，因此使用 y 的 1 轴形状作为结果集的 1 轴形状，即 4。因此最终形状为(1,4)，返回[[4,5,6,7]]。
- y[np.array([1,2])]：获得第 1 行和第 2 行的数据，并且最终形状为(2,4)，返回[[4,5,6,7],[8,9,10,11]]。
- x[np.array([1,2]),np.array([2,3])]：x 为一维数组，只接收一个 0 轴索引，而本例提供 0 轴和 1 轴索引，因此运行出错。
- y[np.array([0,1]),np.array([2,3])]：当所有轴上均指定了形状相同的数组索引时，将每个索引数组中的元素按照序号进行一一组合，得到[0,2]和[1,3]，并获取第 0 行第 2 列和第 1 行第 3 列元素，即[2,7]。本例的形状变换较为特殊，0 轴和 1 轴上的列表索引形状相同，因此删除 1 轴形状，只保留 0 轴形状并设定为索引数组的形状，即(2,)，输出[2,7]。
- y[np.array([0,1]),np.array([2])]：两个列表索引的形状不同，因此 NumPy 会尝试对维度少的索引数组进行广播操作，将代码转换为 y[np.array([0,1]),np.array([2,2])]。访问下标为[0,2]和[1,2]的元素，且最终形状为(2,)，输出[2,6]。

【例 2-19】使用多维整数数组索引访问数组。

```
x = np.arange(10)
y = np.arange(12).reshape(3,4)
```

- x[np.array([[1,2],[2,4]])]：0 轴指定了一个形状为(2,2)的多维数组索引，因此获取结果集时等价于运行 x[np.array([1,2,2,4])]，即得到[1,2,2,4]。原始数组索引形状为(2,2)，因此将结果集的形状变换为(2,2)，最终返回[[1,2],[2,4]]。

- y[np.array([[0,1],[1,2]]),np.array([[0,3],[2,1]])]：获取结果集时等价于运行 y[np.array([0,1,1,2]),np.array([0,3,2,1])]，即得到[0,7,6,9]。所有轴上均使用形状为(2,2)的数组索引，因此最终形状为(2,2)，返回[[0,7],[6,9]]。

- y[np.array([[0],[2]])]：此例等价于先运行 y[np.array([0,2])]，获得结果集[0,1,2,3,8,9,10,11]。0 轴索引形状为(2,1)，1 轴索引形状等于 y 的 1 轴索引形状 4，将 0 轴索引和 1 轴索引拼接得到最终形状(2,1,4)，返回[[[0,1,2,3]],[[8,9,10,11]]]。

结合切片与索引可以更灵活地访问数组，如【例 2-20】所示。

【例 2-20】结合切片与整数数组索引访问数组。

- y[::2,np.array([1,3])]：切片"::2"作为 0 轴索引，等价于数组索引[0,1]；[1,3]作为 1 轴索引，表示访问第 1 列和第 3 列的元素。因此，访问下标为[0,1]、[0,3]、[2,1]和[2,3]的元素，获得[1,3,9,11]，将其形状变换为(2,2)，输出[[1,3],[9,11]]。

- y[::2,np.array([[1,3],[2,0]])]：本例与上例的区别在于最后形状为(2,2,2)。

【例 2-21】使用布尔数组索引访问数组。

- y[np.array([True,False,True])]：使用布尔数组索引时，以 True 值下标为索引访问对应的数组元素，本例中 True 值的下标分别为 0 和 2，因此等价于运行 y[np.array([0,2])]。

- x[np.array([True,False,True])]：使用布尔数组索引时，布尔数组的形状需要和对应轴的形状一致。本例中布尔数组的形状为(3,)，而 x 的 0 轴形状为(10,)，因此运行出错。

如果需要快速地访问一个数组中的所有元素，可以利用 Python 中的迭代结构，如【例 2-22】所示。

【例 2-22】迭代访问数组。

```
x = np.arange(10)
y = np.arange(12).reshape(3,4)


for e in x:
    print(e)          #输出结果：0,1,2,3,4,5,6,7,8,9
for e in y:           #对于多维数组，只迭代访问 0 轴数据
    print(e)          #输出结果：[0,1,2,3], [4,5,6,7], [8,9,10,11]
for e in y.flat:      #y.flat：将 y 降为一个一维数组
    print(e)          #输出结果：0,1,2,3,4,5,6,7,8,9,10,11
```

2.4.3 复制数组

NumPy 能够高效处理海量的数据，而海量数据的存储效率对数据分析与科学计算有着重要的影响。数据分析工作经常需要对数据进行复制、修改、备份等操作，如将一份年销售数据分解为多个月销售数据、备份上一年度的数据、查询某一年的数据等。数据量的大

幅增加将会极大地降低上述操作的时间效率和空间效率，特别是超大高维数组的复制操作通常涉及大块连续内存申请、海量数据复制、数据有效性检查等，会给操作系统带来巨大的压力。因此，为缓解频繁地复制数据导致的系统资源压力问题，NumPy 提供了两种数据复制模式：视图/浅复制（View/Shallow Copy）模式和深复制（Deep Copy）模式。

（1）视图/浅复制模式：View 模式类似于数据库系统中的 View，即创建一个现有数据的"超链接"来共享数据，而非创建已有数据的一个新副本。View 模式的核心点在于数据共享，只需创建和存储描述 View 结构的信息即可（这样的信息数据量通常很小），因此实现效率非常高。一个现实生活中的 View 模式实例为互联网网页中的超链接模式，当网页 A 需要引用网页 B 时，只需插入一个包括网页 B 地址信息的超链接即可，无须将整个网页 B 的内容插入网页 A 中。除了节省空间与方便访问之外，超链接模式还支持信息的同步，即网页 A 中的超链接能实时地获取网页 B 的内容更新。设想一个不支持信息共享的互联网世界，没有超链接模式则意味着一个网页必须包括所有相关的数据与信息，同一个数据，100 个网页使用则会被复制 100 次，10000 个网页使用则会被复制 10000 次，以此类推。这样不仅会造成资源的巨大浪费，同时也不利于数据的修改、更新、同步等操作。

（2）深复制模式：与 View 模式相反，Deep Copy 模式对已有数据进行完全的复制，创建一个全新的数据对象。除了创建时具有相同的数据之外，新数据对象与被复制的数据对象是两个独立的对象，两者之间没有任何关系。Deep Copy 模式类似于不支持超链接的互联网网页，同一份数据出现在各个网页中，初始阶段具有完全相同的数值，但是可以被独立地修改，从而导致数据不相同。

下面的代码演示 NumPy 中 View 模式的使用。

```python
a = np.arange(5)
b = a.view()              #b 是 a 的一个 View
b.base is a               #判断 b 的数据是否共享 a 的数据。输出：True
np.shares_memory(a,b)     #判断 a 和 b 是否共享内存数据。输出：True
b[0] = -1                 #因为 a 和 b 共享数据，所以修改 b[0] 等价于修改 a[0]
a[0]                      #输出：-1
c = a[3:]
c.base is a               #输出：True
c[-1] = 10                #等价于修改 a[-1]
a[-1]                     #输出：10
d = a[0]
d.base is a               #输出：False
e = a.reshape((1,5))      #如果不指定 output 参数，reshape() 默认创建 View
e.base is a               #输出：True
f = e[:,:2]
f.base is e               #输出：False。因为 f 数据来自 a
f.base is a               #输出：True
```

图 2-21 展示了变量 a、b、c、d、e、f 之间的关系，其中 a、b、c、e、f 之间共享数据，而 d 为独立的数据对象。

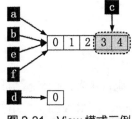

图 2-21 View 模式示例

下面的代码演示 NumPy 中 Deep Copy 模式的使用。

```
a = np.arange(5)

b = a.copy()                 #创建 a 的 Deep Copy

b.base is a                  #输出：False

b[0] = -1                    #b 和 a 之间相互独立，修改 b 不影响 a

a[0]                         #输出：0

c = a[np.array([1,2])]

c.base is a                  #输出：False

d = a[np.array([True, True, False, False, True])]

d.base is a                  #输出：False
```

2.4.4 练习

【练习 2-13】将图 2-18 中的乘法表数组水平切分为 3 个数组。

【练习 2-14】将图 2-18 中的乘法表数组垂直切分为 4 个数组，切分后数组的列数分别为 2、3、3、1 列。

【练习 2-15】以图 2-18 中的乘法表数组为例，输出第 6 行第 7 列的数据，输出形状为标量。

【练习 2-16】以图 2-18 中的乘法表数组为例，输出第 6 行第 7 列的数据，输出形状为 (1,)（要求不能使用 reshape()）。

【练习 2-17】以图 2-18 中的乘法表数组为例，输出第 1 行。

【练习 2-18】以图 2-18 中的乘法表数组为例，输出第 1 行，输出形状为 (9,1)。

【练习 2-19】以图 2-18 中的乘法表数组为例，输出第 1、3、5 行，输出形状为 (3,9)，并且为原数组的 Deep Copy。

【练习 2-20】以图 2-18 中的乘法表数组为例，输出第 1、2、4、5 行中的第 3、6、7、8 列，输出形状为 (2,2)（要求不使用 reshape()）。

【练习 2-21】以图 2-18 中的乘法表数组为例，输出值为偶数的元素。

【练习 2-22】以图 2-18 中的乘法表数组为例，将形状变换为 (3,9,3)，画出其数值排列情况。

【练习 2-23】假设 x 为一个二维数组，运行 x[np.array([1,2]),np.array([2,2])]、x[(np.array([1,2]),np.array([2,2]))]、x[((np.array([1,2]),np.array([2,2])))]，解释其运行结果存在差异的原因。

2.5　数组常用操作

NumPy 具有丰富的数组操纵功能，并为数据分析与科学计算需求提供了常用的数学函数库。本节将介绍 NumPy 中的 ufunc、数组查询、数组排序功能，为后续的数据分析实战项目提供理论基础知识。

2.5.1　使用 ufunc

ufunc（universal functions）是 NumPy 支持的一种适用于多维数组的处理集合，其核心原理为向量化（Vectorization）：用一条作用于所有元素的指令替代逐元素处理的循环结构。以下面代码中的两个数组 a 和 b 为例，常规的矩阵相加操作需要使用循环结构，第 1 次计算 a[0]+b[0]，第 2 次计算 a[1]+a[1]，第 3 次计算 a[2]+b[2]。

```
a = [1,2,3]
b = [4,5,6]
c = []
for i, j in zip(a,b):
    z.append(i + j)
```

对于多维数组的处理，NumPy 的 ufunc 采取与上述不一样的方法，即向量化，充分利用现代 CPU 支持的向量操作指令，将循环操作变为向量操作，减少循环结构的使用次数，提高代码简洁度，提高代码运行效率。仍以上述的 a+b 为例，ufunc 只需要一条代码。

```
np.add(a,b)
```

当需要操作大数组（元素数目较多）时，推荐使用 ufunc；当需要操作小数组或标量时，推荐使用 Python 内置的运算，其运行效率高于 ufunc。表 2-5 列举了常见的 ufunc 方法。

表 2-5　常见的 ufunc 方法

方法类型	方法名字	方法描述
三角计算	sin()、cos()、tan()	计算正弦、余弦、正切值
	arcsin()、arccos()、arctan()	计算反正弦、反余弦、反正切值
	sinh()、cosh()、tanh()	计算双曲正弦、双曲余弦、双曲正切值
	deg2rad()	将角度转换为弧度
	rad2grad()	将弧度转换为角度

续表

方法类型	方法名字	方法描述
统计计算	amin()、amax()	获取最小值、最大值
	median()	获取中位数
	mean()	获取算术平均值
算术计算	add、subtract、multiply、divide	加、减、乘、除（等价于+、−、*、/）
	−	求负
	power	求幂运算（等价于**）
	remainder、mod	求余运算（等价于%）
比较计算	equal、not_equal	相等、不相等（等价于==、!=）
	less、less_equal	小于、小于等于（等价于<、<=）
	greater、greater_equal	大于、大于等于（等价于>、>=）
布尔计算	logical_or	逻辑或
	logical_and	逻辑与
	logical_not	逻辑反
	logical_xor	逻辑异或

下面代码演示了 ufunc 的使用方法。

```
a = np.array([1,2,3])
b = np.array([4,5,6])
np.add(a,b)          #输出：[5,7,9]
a+b                  #等价于 np.add(a,b)
a-b                  #等价于 np.subtract(a,b)
np.mean(a)           #输出：2
```

图 2-22 中的代码利用 Notebook 提供的%%timeit 模块来比较 ufunc 和循环代码的运行效率。从图 2-22 中的代码运行结果可以得知，ufunc 的运行效率稍高于循环结构（198ms 对比于 252ms），但是这个效率差异会因不同操作、不同数据、不同代码而变化。对于时间复杂度敏感的代码，需要通过优化代码、调整运行顺序、测试不同结构等方式来获得最佳运行效率。

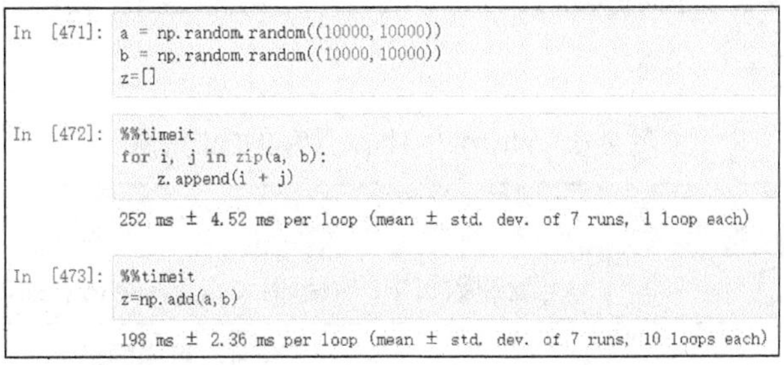

图 2-22　ufunc 与循环代码的效率对比示例

2.5.2 查询数组

数据处理与分析中要用到大量的查询操作，如查询 7 月平均气温高于 30℃的城市、销售额最高的年份、高于平均成绩的人数等。NumPy 提供 where()、extract()、all()、any()等方法支持基于条件的查询，提供 amin()、amax()、median()、mean()等方法支持各类统计计算。

```
a = np.random.randint(100, size=(16))

np.where(a>50)                      #返回 a 中大于 50 的元素下标集合

a[np.where(a>50)]                   #使用数组下标方式，返回 a 中大于 50 的元素

np.extract(a>50,a)                  #返回 a 中大于 50 的元素

a[a>50]                             #使用布尔数组方式，返回 a 中大于 50 的元素


cond = np.mod(a, 2)==0              #保存查询条件，可以多次使用
np.extract(cond, a)
np.where(cond)


cond = np.logical_and(np.mod(a,2)==0, a>50)      #组合条件查询
np.extract(cond, a)
cond = (np.mod(a,2)==0) & (a>50)                 #组合条件的另外一种写法
np.extract(cond, a)
```

all()和 any()用来按轴向检测数据是否全部为 True 值或者至少存在一个 True 值。

```
np.all([True,True,True],axis=0)        #输出：True。因为所有元素均为 True
np.all([True,False,True],axis=0)       #输出：False。因为存在 False
np.any([True,False,True],axis=0)       #输出：True。因为存在一个真值
np.any([False,False,False],axis=0)     #输出：False。因为不存在真值


a = a.reshape((4,4))
np.all(a<50,axis=0)                    #查询某一列的值是否全部小于 50
np.all(a<50,axis=1)                    #查询某一行的值是否全部小于 50
np.any(a%2==0,axis=0)                  #查询某一列中是否存在偶数
```

统计分析用来收集并分析获取数据的特点、趋势、分布等特征。作为支持科学计算的基本包，NumPy 提供了支持各类统计分析的方法，包括查找最大值、查找最小值、计算标准差和方差等，如表 2-6 所示。

表 2-6　NumPy 中常用的统计方法

方法名称	功能介绍
amin()	返回数组中的最小值（指定轴向时，按轴向获取，下同）
amax()	返回数组中的最大值

方法名称	功能介绍
mean()	计算数组元素的算术平均值
median()	计算数组元素的中位数
average()	计算数组元素的加权平均值
std()	计算数组元素的标准差
histogram()	进行数组元素的直方统计
bincount()	计算数组中各个元素的出现次数
digitize()	返回数组各元素所属的分类区间下标

下面的代码展示了统计方法的使用。

```
a=np.random.randint(100,size=(4,4))
np.amin(a)                          #返回最小元素值
np.amin(a,axis=0)                   #返回每列元素的最小值
np.mean(a,axis=1)                   #计算每行元素的算术平均值
np.histogram(a,bins=[0,50,100])     #统计属于[0,50)、[50,100]区间的元素个数
a=np.array([5,7,5,4,3,0,0,1])
np.bincount(a)                      #返回：[2,1,0,1,1,2,0,1]
```

给定一个非负整数数组 a，bincount(a)的处理流程如下。

（1）获取 a 中的最大数值，即 7。

（2）生成大小为 1 的区间，其数量为 a 中的最大值加 1，即 8 个区间：[0,1)、[1,2)…[7,8)。

（3）统计属于上述区间的元素数量。第一个区间为[0,1)，a 中有两个 0，因此返回的第一个计数为 2；属于第二个区间[1,2)的元素只有一个，因此返回的第二个计数为 1，余下区间以此类推，最后返回结果为[2,1,0,1,1,2,0,1]。

给定一系列单调递增的区间，digitize()用来返回数值所属的区间下标。

```
a = np.array([-5,70,32,66,25,101])
bins=[0,50,100]         #定义 4 个区间：(-∞,0)、[0,50)、[50,100)、(100,-∞)
np.digitize(a,bins)     #返回：[0,2,1,2,1,3]。例如-5 属于下标为 0 的区间(-∞,0)
```

2.5.3 排序数组

NumPy 提供了一系列适用于数组的排序方法，如 sort()、argsort()、lexsort()、partition()、sorted()等，其主要区别如表 2-7 所示。

表 2-7　NumPy 中主要的排序方法

方法名称	功能介绍
sort()	基础的排序算法，返回排序后的数组
argsort()	与 sort() 类似，区别在于返回排序后的下标
sorted()	与 sort() 类似，区别在于适用于可迭代的对象
lexsort()	对多个序列进行排序，返回排序后的下标
partition()（argpartition()）	对数组进行排序、分区，返回分区后的数组（下标）

下面的代码演示了 NumPy 中常见排序方法的使用。

```
a = np.arange(8)
np.random.shuffle(a)            #打乱数组元素，模拟一个未排序的数值系列
np.sort(a)                      #按默认升序进行排序，返回一个新的数组
a.sort()                        #按默认升序进行排序，注意修改的是原始数组
np.random.shuffle(a)
a                               #打乱后：[0,4,7,5,2,1,6,3]
sort_index = np.argsort(a)      #sort_index = [0,5,4,7,1,3,6,2]
                                #表示升序序列为 a[0]、a[5]、a[4]、……、a[2]
a = np.random.randint(100, size=(8))    #生成一个包含 8 个小于 100 的随机整数数组
a                               #[65,86,4,54,90,85,92,17]
np.partition(a,3)               #输出[4,17,54,65,85,90,92,86]
```

partition() 的工作过程如图 2-23 所示。先对 a 进行排序，获得排序后的临时数组，即 [4,17,54,65,85,86,90,92]；接着以第二个参数值为下标的元素进行分区。上例中第二个参数为 3，排序后下标为 3 的元素为 65，按如下方法创建并返回一个新的数组：原数组 a 中小于 65 的数值位于 65 的左边，等于或者大于 65 的数值位于 65 的右边。因此，partition(a,3) 返回 [4,17,54,65,85,90,92,86]。以 65 为分界值将返回的新数组划分为左区间和右区间，partition() 只保证左区间（右区间）的数组均小于（大于或等于）65，不保证区间内部的排序，如未排序的右区间为 [85,90,92,86]。

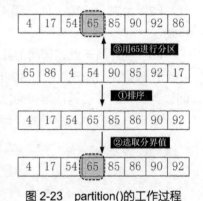

图 2-23　partition() 的工作过程

下面的代码演示了 lexsort() 的使用方法。代码先创建 names、chinese_scores、math_scores 3 个数组，分别存储名字、语文成绩与数学成绩。3 个数组的元素是一一对应的，如"张三"的语文与数学成绩分别为 90 和 80。假设现在需要对成绩进行排序，按照语文成绩排序，语文成绩相同时按照数学成绩排序，则可以使用 lexsort() 实现。

```
names = ['张三','李四','王五','赵六']
chinese_scores=[90,85,65,85]
```

```
math_scores =[80,78,70,80]
index = np.lexsort((math_scores, chinese_scores))
index                              #输出: [2,1,3,0]
```

lexsort()中的参数值为(math_scores,chinese_scores)，表示先按语文成绩进行升序排列；如果语文成绩相同，再按照数学成绩进行排序，依次类推。排序后的结果为[2,1,3,0]，表示 chinese_scores[2]的语文成绩最低，chinese_score[1]和 chinese_score[3]虽然具有相同的语文成绩，但是 math_scores[1]的数学成绩比 math_scores[3]低，因此下标 1 排在下标 3 的前面。下面的代码输出排序后的结果。需要注意，lexsort((a,b,c))对参数(a,b,c)的解释为采用 c、b、a 的排列顺序。

```
[(names[i], chinese_scores[i], math_scores[i]) for i in index]
#输出: [('王五', 65, 70), ('李四', 85, 78), ('赵六', 85, 80), ('张三', 90, 80)]
```

下面代码演示了按指定轴向对多维数组进行排序的过程，其原理如图 2-24 所示。

```
a = np.random.randint(100, size=(3,4))
np.sort(a,axis=0)
```

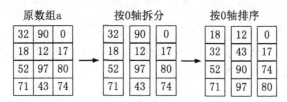

图 2-24　按 0 轴排序示例

2.5.4　练习

【练习 2-24】生成两个形状为(4,4)的随机整数数组 a 和 b，计算 a*b。

【练习 2-25】生成形状分别为(4,1)和(1,4)的两个随机整数数组 a 和 b，计算 a-b，并解释运行原理。

【练习 2-26】使用 ufunc 对【练习 2-25】中的数组 a 和 b 实现下述计算：如果 a[i]和 b[i]均为奇数，则计算 a[i]+b[i]；如果其中一个为偶数，则计算 a[i]-b[i]。（提示：使用自定义 ufunc。）

【练习 2-27】生成一个形状为(4,4)的随机整数数组 a，查询 a 中所有的偶数。

【练习 2-28】生成一个形状为(4,4)的随机整数数组 a，查询 a 中所有奇数的下标。

【练习 2-29】生成一个形状为(4,4)的随机整数数组 a，计算 a 中所有元素的平均值 a_mean。

【练习 2-30】以【练习 2-29】中的数组 a 以及平均值 a_mean 为例，返回 a 中大于 a_mean 的元素。

【练习 2-31】以【练习 2-29】中的数组 a 以及平均值 a_mean 为例，按列返回 a 中大于 a_mean 的元素个数。

【练习 2-32】以【练习 2-29】中的数组 a 为例，返回一个形状为(16,)的数组 b，其元素以中位数为分界值，左边的元素均小于中位数，右边的元素均大于或等于中位数。

【练习 2-33】生成一个形状为(100,)的数组 a，统计其中每个数值出现的次数。例如，[5,3,4,7,2,5,7]中 5 和 7 出现了两次，3、4、2 出现一次，因此返回[(5,2),(3,1),(4,1),(7,2),(2,1)]。

【练习 2-34】对【练习 2-33】返回的数组进行排序，要求按出现次数排序，次数相同时按数值大小排序。

【练习 2-35】对【练习 2-33】返回的数组进行排序，要求按出现次数进行降序排列，次数相同时按数值大小进行升序排列。

【练习 2-36】编写 Python 代码，实现数组的降序排列。

2.6　项目总结

作为一个支持数据分析与科学计算的基础包，NumPy 提供了一个 ndarray 数组结构，克服了 Python 内置的列表结构处理多维数组的局限性，提升了多维数组存储、访问、操作的效率。以数组为基础，NumPy 为数据访问、形状变换、数据查询、数据计算提供了丰富的功能与方法实现，成为常见的科学计算、数据分析、机器学习包的后台基础包。如果没有 NumPy，Python 在数据分析、科学计算、人工智能方面的应用前景会受到不可估量的影响。因此，了解和熟悉 NumPy 将为数据分析提供理论与实践基础，使数据分析工作者做到对数据分析操作不仅知其然，而且知其所以然。

数据分析部分

项目 三 全球气温变化趋势（一）
——数据检查

　　全球变暖已成为一个备受关注的问题，对地球上的每个国家和地区、每个社会群体，甚至每个个体产生了越来越明显的影响。本书以记录全球主要城市日均气温的数据集为项目用例，并在本项目中重点介绍数据分析的入门技巧，如获取数据集、读取数据集、查看数据属性、查询数据内容及进行初步的数据可视化。

项目重点

- 主要数据格式。
- 读入数据文件。
- 检查数据。
- 访问数据。
- 数据可视化。

3.1 项目背景

　　2020 年 7 月 9 日，世界气象组织发布《未来五年全球气温预测评估》，数据显示 2020—2024 年，预计全球气温每年都有可能比工业化前的平均气温（1850—1900 年期间气温年平均值）升高至少 1℃，北极的升温幅度可能是全球平均水平的两倍以上。据美国陆军工程兵团（United States Army Corps of Engineers，USACE）估计，美国阿拉斯加州沿海小镇基瓦利纳（Kivalina）将逐渐被海水淹没，并将于 2025 年被海水彻底淹没。全球变暖正给人类社会和经济生活带来日益显著的影响。

　　作为一名数据分析师，你的第一个任务是获取与全球气温有关的数据，对其进行处理、初步分析和简单可视化，并回答以下问题。

　　（1）近年来全球气温的变化趋势是什么？

　　（2）是否存在全球气温升高的情况？

　　（3）不同地区的升温幅度是否有差异？

　　（4）能否用通俗易懂的方式向公众展示你的工作成果？

3.2　技能图谱

一个实际的数据分析项目的流程包括明确目的、收集数据、处理数据、分析数据、呈现数据。明确目的是数据分析的第一步，对项目需求进行充分的了解和分析，实现对项目目的清晰及准确的理解与表达。例如，本书数据分析部分的第一个项目实例为全球变暖项目，期望通过对主要城市的历史气温数据进行分析，挖掘和发现全球气温变化趋势，为相关经济活动提供科学的数据支持。

一旦明确项目的目的，接下来则需要通过相关途径获取相关的数据，如转换现有数据库数据、从网络下载相关数据、与相关数据提供商联系并购买数据等。因为不同渠道、不同数据主体会导致初步收集的数据存在格式、完整性、异常值等问题，所以需要对获取的数据进行初步的检查和查询，确定其是否能满足项目需求。本项目将介绍上述实践操作，涉及的主要技能如图 3-1 所示。

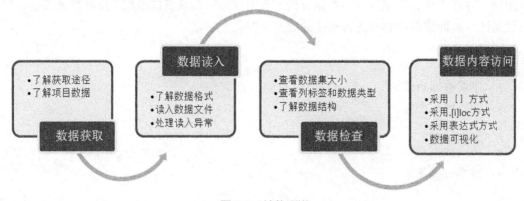

图 3-1　技能图谱

3.3　数据获取

一旦选定需要进行分析的实际项目，接下来就需要获取与项目相关的数据集。随着 Internet 的高速发展以及共享经济的兴起，越来越多的数据提供者将数据共享于网络，供相关研究者下载和分析。在满足相关的数据使用要求和条例的基础上，这些数据大部分可以被免费使用。根据数据提供者的不同性质，可以将其划分为数据产生主体、数据中心社区和个人。本节将讨论数据获取途径的相关内容，并介绍本书数据分析部分第一个项目实例所用的数据文件。

3.3.1　了解获取途径

获取数据是进行数据分析的必经流程，获取途径主要是互联网。目前，互联网上提供数据的主体主要包括以下 3 种。

（1）数据产生主体：如中国国家统计局提供中国经济数据、美国国家海洋和大气管理局（National Oceanic and Atmospheric Administration，NOAA）提供全球气象数据、Airbnb

提供有关短租公寓的数据等、淘宝提供有关用户购买记录等。

（2）数据中心社区：如流行的数据科学竞赛网站 Kaggle、和鲸社区和 Datacastle 等。这些社区集合了数据、项目和竞赛，聚集了相关竞赛参与者，是了解数据科学最前沿技术的重要参照。

（3）个人：许多对数据科学感兴趣的研究人员通过个人博客、知乎文章、网络社交媒体等形式收集和发布各种类型的数据集合，方便他人对数据的类型、范畴、典型数据集建立一个整体的认知。

3.3.2 了解项目数据

本书用到的数据均从 Kaggle 和和鲸社区免费下载，本项目用到的数据文件为 city_temperature.csv，其中记录了 1995—2020 年世界上主要国家的城市的日均气温。文件数据分为 8 列：Region、Country、State、City、Month、Day、Year、AvgTemperature，分别表示洲、国家、地区、城市、月、日、年、日均气温（单位为华氏度℉，不同于我国常见的摄氏度℃，两者之间的转换关系为：摄氏度=（华氏度−32）/1.8）。city_temperature.csv 中记录总数为 2906327，其中有部分字段值缺失。表 3-1 展示了 city_temperature.csv 中的前 5 行数据。

表 3-1 city_temperature.csv 中的前 5 行

Region,	Country,	State,	City,	Month,	Day,	Year,	AvgTemperature（℉）
Africa,	Algeria,	,	Algiers,	1,	1,	1995,	64.2
Africa,	Algeria,	,	Algiers,	1,	2,	1995,	49.4
Africa,	Algeria,	,	Algiers,	1,	3,	1995,	48.8
Africa,	Algeria,	,	Algiers,	1,	4,	1995,	46.4
Africa,	Algeria,	,	Algiers,	1,	5,	1995,	47.9

3.3.3 练习

【练习 3-1】访问 Kaggle 和和鲸社区，查找与气温相关的数据集。

【练习 3-2】如果想查找与电商交易有关的数据，你会通过什么途径收集数据？

3.4 数据读入

所有的数据必须以某种计算机文件格式进行存储，才能在计算机之间进行传输。当数据存储于计算机文件里面时，通常以用户易于阅读的形式进行显示。这种形式称为文件的逻辑结构，即文件内容呈现在用户眼前的形式；而将这些文件内容以二进制数码的形式存储于计算机系统的外置存储器（如硬盘、光盘、磁带存储器等）的格式称为文件的物理结构。通常情况下，数据分析师更关注文件的逻辑结构，并借助特定的软件和工具读入和呈现文件内容。本节将介绍常用的数据格式（即逻辑结构）、数据的读入和一些常见读入异常的处理方法。

3.4.1　了解数据格式

计算机系统建立在二进制的基础上，但是二进制不方便人类理解。随着计算机系统的发展，以及大数据时代的推进，数据文件逐步从早期的二进制文件、数据库系统演变成带标记的文本文件，其优势在于不需要获得昂贵商业软件的授权，方便在不同的计算机系统和平台之间进行共享。不同于普通文本信息，带标记的文本以"键：值"对的形式记录数据及其结构信息，帮助用户更好地理解数据。例如，一个普通的字符串"Apple"具有多种不同的具体含义，而带标记的文本"公司：Apple"表示指向对象是 Apple 公司，并且能与标记文本"水果：Apple"进行明确的区分。XML 和 JSON 属于典型的标记文本，逗号分隔值（Comma Separated Values，CSV）格式被广泛用于数据交换和分享。

本书使用的 city_temperature.csv 属于 CSV 格式，CSV 格式具有以下特点：数据以行和列（二维表格）的方式进行记录；每列数据代表一个特定的属性值，并具有相同的含义（如表 3-1 的第一列是"所属洲"数据，最后一列是"平均气温"数据）；列与列之间用逗号隔开；每行数据代表一个完整的记录单元（如第一行数据代表 1995 年 1 月 1 日 Africa 的国家 Algeria 的城市 Algiers 的平均气温）；第一行也可以用于记录各列的表头（表头不是必需的）；数据可能存在缺失（如"State"列）。

CSV 格式简单明了，以分号作为数据分隔符，解析难度低，因此得到了广泛的应用。除了 CSV 文件之外，一些使用其他分隔符的文件也比较常见，如基于空格分隔符和基于制表符分隔符的文件，其使用方式和 CSV 文件基本一致。另外，有些数据集采用 PDF 和 Excel 格式，但是其使用起来不如 CSV 方便，因此本书不涉及相关的内容。

3.4.2　读入数据文件

启动 Jupyter Notebook 并创建一个新的 Python 3 工作簿（参考 1.5.3 小节）。

【例 3-1】读入 city_temperature.csv 文件。

```
import numpy as np
import pandas as pd
import matplotlib.pyplot as plt
data = pd.read_csv('[数据文件目录]/city_temperature.csv')
#注意数据文件所处目录
```

观察【例 3-1】中的代码，注意以下的编程要点。

（1）在正式读入和处理数据之前，要引入必需的包。代码里面引入了 3 个包——numpy、pandas 和 matplotlib.pyplot（注意包名为全小写），并分别指定别名为 np、pd 和 plt。这 3 个别名为对应包的默认别名，被全世界的 Python 程序员广泛采用，因此最好不要随意修改。当需要使用对应包的资源时，可以用别名替代完整的包名，提高代码的易读性。

（2）pd.read_csv('[数据文件目录]/city_temperature.csv')命令用于读入数据文件，并将读入的数据保存为 data 变量。read_csv()属于 pandas 包，之前用别名 pd 指代 pandas，因此这里使用 pd.read_csv()替代 pandas.read_csv()。read_csv()利用第一个参数指定数据文件的路径，建议使用完整路径，以避免出现找不到数据文件的错误。路径中用"/"或者"\\"分隔目录，推荐使用"/"。常见的错误是路径中的特殊字符输入为中文字符，如用中文"："代替英文":"、用中文"。"代替英文"."。

（3）如果读入操作成功，则 data 变量里面存储了读入的 city_temperature.csv 里面的数据，供后续的数据操作和分析使用。

3.4.3 处理读入异常

不同数据文件具有不同的格式和编码，甚至还可能包含错误数据和错误格式，从而导致读入数据操作出现异常。图 3-2 所示为运行【例 3-1】中的代码时出现的警告，其主要提示信息为第 3 列（State 列）数据包含了不同类型的数据，因此 Pandas 建议用户指定此列的数据类型。提示信息的出现表示可能存在异常，虽然不一定导致程序运行错误，但用户仍然需要关注其出现的原因，并进行相应的代码修改。图 3-2 中提示信息产生的原因是第 3 列的数据类型异常，可以通过添加 dtype 参数来指定 State 列的数据类型，从而消除提示信息。

```
In  [3]:  data = pd.read_csv('city_temperature.csv')

C:\Users\f15h\Anaconda3\lib\site-packages\IPython\core\interactiveshell.py:3058: DtypeWarning: Columns (2) have mixed types. Specify dtype option on import or set low_memory=False.
  interactivity=interactivity, compiler=compiler, result=result)
```

图 3-2　读入操作异常时的提示信息

【例 3-2】读入 city_temperature.csv 文件时指定 State 列的数据类型。

```
data = pd.read_csv('[数据文件目录]/city_temperature.csv', dtype={'State':object})
```

read_csv() 常见的读入异常及解决方法如表 3-2 所示。

表 3-2　read_csv() 常见的读入异常及解决方法

异常	解决方法（修改 read_csv() 对应的参数）
分隔符非默认的分号	通过 sep 或 delimiter 参数指定分隔符，如 sep=';'
读入内容显示乱码	通过 encoding 参数指定文件编码，中文常用编码包括 utf-8、gbk（Windows 系统常见）、gb2312 等
无标题行	设定参数 header=None
数据解析出错	设定参数 engine='Python'

3.4.4 练习

【练习 3-3】正确读入"拉勾网招聘_数据分析_上海.csv"文件。

3.5 数据检查

读入数据之后，在进行任何数据处理操作之前，需要检查数据是否加载正确。这也是很多初学者容易忽略的步骤，如果数据加载出现错误或者异常，将严重影响后续的所有工作，甚至导致出现错误的结果。数据检查主要是查看数据集属性，判断数据的行数、列数、类型是否正常，而关于数据本身的问题（如空值、异常值和缺失值等）则留待后续操作进行处理。

3.5.1 查看数据集大小

数据的成功载入表示数据的所有行和列都被正确地解析、分割和存储，因此查看载入数据的行数和列数可以初步检查数据加载是否正确。

【例 3-3】查看 data 变量存储的数据集规模。

```
data.shape
```

代码的输出结果为 "(2906327,8)"，表示 data 存储了 2906327 行数据，每行数据又分为 8 列。data.shape 的返回结果为元组类型数据，因此可以使用 Python 的元组操作提取其中的单个数值。为简化问题描述，以下内容均用 data 表示 data 变量里面存储的数据集。

【例 3-4】查看 data 行数。

```
data.shape[0]
```

3.5.2 查看列标签和数据类型

数据集规模仅仅显示其行数和列数，无法进一步提供数据集属性的细节内容。通常情况下，数据集的行都能被正确识别和分割，因为其采用回车符（或回车换行符）作为行之间统一的分隔符；而列数据之间的分隔符会因数据集不同而不同，所以解析出错的概率更高，需要特别加以注意。

【例 3-5】查看 data 列标签。

```
data.columns
```

data.columns 以列表形式返回所有列名：['Region', 'Country', 'State', 'City', 'Month', 'Day', 'Year', 'AvgTemperature']。查看 data.columns 返回的列名列表能初步检查列数据解析是否正确。图 3-3 所示为一个错误参数值（sep=';'）引起的读入异常，尽管读入的数据行数正确，但是列解析出错。建议读者将图 3-3 与【例 3-5】的运行结果进行比较，进一步加深对数据属性异常的理解。

图 3-3　列数据解析异常

除了检查列标签之外，各列数据的类型也需要加以注意。如果没有手动指定各列数据类型，Pandas 将自动进行判断：如果一列数据均为整数，则设定此列数据类型为 "int64"，如 Month、Day 和 Year 列；同理，AvgTemperature 列的数据类型被正确识别为 "float64"；

如果自动识别不成功，或者识别为文本数据，则将其数据类型设为"Object"，如 Region、Country、State 和 City 列。

【例 3-6】查看 data 各列数据类型。

```
data.dtypes
```

3.5.3 了解数据结构

Pandas 用 Series 和 DataFrame 结构存储读入的数据。Pandas.Series（以下简称"Series"）是一个一维数组对象，包含一组数据和对应的索引，因此可以理解为带索引的一维数组。Series 和 Python 列表对象一个最主要的区别在于 Series 的索引可以是非数字。图 3-4 所示为一个索引为['A', 'B', 'C', 'D']的 Series，对应的值为[1,2,3,4]。

```
In [16]: s1 = pd.Series([1, 2, 3, 4], index=['A', 'B', 'C', 'D'])

In [17]: s1

Out[17]: A    1
         B    2
         C    3
         D    4
         dtype: int64
```

图 3-4　非数值索引的 Series 数据

多个 Series 可以合并为 Pandas.DataFrame（以下简称"DataFrame"），如图 3-5 所示。

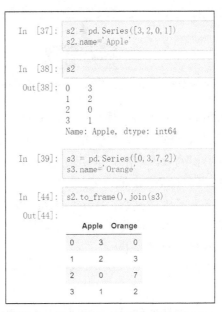

图 3-5　多个 Series 合并为 DataFrame

图 3-6 所示为图 3-5 中 s2 和 s3 的合并算法。

图 3-7 所示为 city_temperature.csv 中数据转换为 DataFrame 之后的运行结果。一个 DataFrame 数据可以被分为 3 部分，分别是列标签集合（即所有列名集合）、索引列和数据

部分。索引列又称为行标签，用于为每行数据指定一个"别名"。如果在加载数据时没有指定索引列，则 Pandas 默认添加一个基于自然数的索引列，其索引值从 0 开始，连续编号到最大行数减一，如图 3-7 所示。

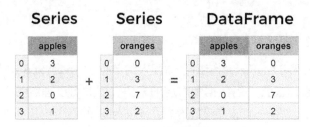

图 3-6 合并算法

图 3-7 转换为 DataFrame 结构的 city_temperature.csv 数据

除了索引列之外，DataFrame 还支持下标机制（这里的下标机制与高级编程语言中的数组下标机制相同，如 x[0]表示下标为 0 的元素），其为一个基于自然数的连续编号的数值列表，与默认情况下创建的索引列取值范围完全相同。虽然 DataFrame 中的索引与下标表面上完全相同，但两者属于完全不同的概念，其主要差异如下。

（1）定义不同：索引为每行数据的别名，而下标为每行数据在数据集中的位置。

（2）取值不同：索引数据可以为多种数据类型，如数值、字符、字符串、日期时间等；下标数据固定为从 0 开始、连续编号的自然数。

（3）灵活度不同：索引数据支持查看、命名、恢复默认等操作，而下标对用户而言不可见，且不支持任何操作。

索引和下标均为 DataFrame 支持的数据访问方式，其在数据访问时的差异将在 3.6.2 小节中进行介绍。

3.5.4 练习

【练习 3-4】单独显示 city_temperature.csv 数据的列数。

【练习 3-5】创建图 3-8 所示的两个 Series——s4 和 s5，将 s4 和 s5 合并为 DataFrame，并解释合并后的结果。

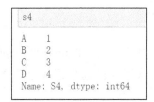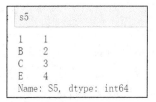

图 3-8 两个 Series 示例

【练习 3-6】除了使用 s4.to_frame().join(s5)合并 Series 外，还可以使用 pd.concat([s4, s5], axis=1, sort=False)合并 Series。观察并解释使用这两种方式的结果之间的差异。

【练习 3-7】图 3-7 中的 DataFrame 由几个 Series 组成？画出每个 Series 的结构。

【练习 3-8】如何将一个 DataFrame 分解成为对应的 Series？

3.6 数据内容访问

数据分析建立在对数据内容的理解之上，因此当数据集被正确载入和解析之后，接下来需要利用 Pandas 提供的丰富数据访问手段，实现对数据内容的访问，初步了解数据本身的意义。为方便读者阅读，以下访问示例中用的列名均以数据中的英文列名为准，并假设用 data 存储读入的 city_temperature.csv 数据。

3.6.1 采用[]方式

DataFrame 支持多种数据访问方式，如按行访问、按列访问和按行列访问（同时指定行和列）。基础的数据访问方式为[]方式，它支持基于索引和列标签的数据访问。依据不同的访问需求，[]方式支持 6 类参数：单个列标签、多个列标签、整数切片、标签切片、布尔数组和布尔 DataFrame。其对不同参数的处理逻辑如下。

- 如果传递的参数类型是单个字符串或者非布尔型列表，则 Pandas 访问对应的列数据。
- 如果传递的参数类型是切片，则 Pandas 访问对应的行数据。
- 如果传递的参数类型为布尔型列表或者布尔型 DataFrame，则 Pandas 访问列表中 True 值对应的行数据。

【例 3-7】显示所有 Country 的命令如下（单个列标签）。

```
data['Country']
```

【例 3-8】同时显示所有 Country 和 City 的命令如下（多个列标签）。注意：需要将多个列标签打包为一个列表。

```
data[ ['Country', City'] ]
```

【例 3-9】显示第 222 条记录。

```
data[222:223]

data[222]                        #错误的代码，请思考出错的原因是什么
```

【例 3-10】显示第 100～150 条记录。

```
data[100:151]
```

【例 3-11】显示所有 Region 为 Asia 的记录。

```
data[data['Region'] == 'Asia']
```

如果索引值为布尔型列表，如【例 3-11】中的代码，Pandas 的处理流程如下所示。

确定各运算优先级。Python 的运算优先级这里不详细介绍。分解之后的运算顺序按照优先级从高到低排列，如图 3-9 所示。

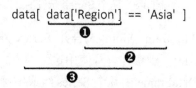

图 3-9　【例 3-11】中代码的运算分解示意图

第❶步：data['Region']获取 Region 列的所有值。注意：运算结果是一个 Series。

第❷步：data['Region'] == 'Asia'。运算符 "==" 左边是 Series 数据（2906327 个数据），右边是单值，这样的运算属于 Pandas 向量运算，其计算方式为将 Series 里面的每个数据和 'Asia'进行比较，并返回一个布尔型列表（大小为 2906327），如图 3-10 所示。

0	Africa	== 'Asia'	→	FALSE	0
1	Asia	== 'Asia'	→	TRUE	1
2	Asia	== 'Asia'	→	TRUE	2
3	Europe	== 'Asia'	→	FALSE	3
…	…	== 'Asia'	→	…	…
2906327	Asia	== 'Asia'	→	TRUE	2906327

图 3-10　data['Region'] == 'Asia'运算示意图

第❸步：data[data['Region'] == 'Asia']。利用第❷步得到的布尔型列表，对 data 数据进行筛选，如图 3-11 所示。

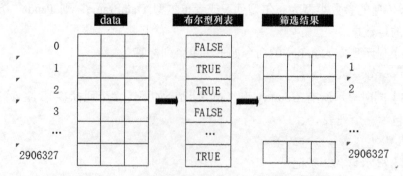

图 3-11　data[data['Region'] == 'Asia']运算示意图

【例 3-12】 查询所有 Country 为 China，并且 City 为 Guangzhou 的记录。

```
data[ (data['Country'] == 'China') & (data['City'] == 'Guangzhou') ]
```

3.6.2 采用 .[i]loc 方式

尽管[]方式支持访问列数据和行数据，但是不能同时按行和列进行访问。因此，对于复杂查询，需要一种更灵活的数据访问方式，即 DataFrame.loc 和 DataFrame.iloc 方式。两者都可以实现按行、按列、同时按行和列进行筛选，但是它们采取不同的工作机制，详细讲解如下（DataFrame.iloc 和 DataFrame.loc 分别简称 ".iloc" 和 ".loc"）。

- .iloc 基于 DataFrame 的行下标和列下标进行筛选，即某行在数据集中的位置（通俗地说：第几行）、某列在数据集中的位置（第几列），和索引、列名无关。.loc 基于 DataFrame 的索引值和列名进行筛选。例如，创建一个索引值为 0、2、3、0 的随机数 DataFrame 并运行，如图 3-12 所示。

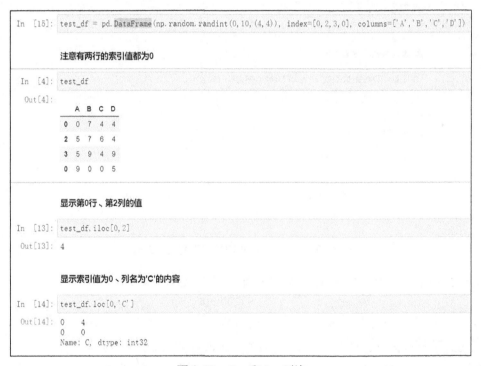

图 3-12 .iloc 和.loc 对比

- 列参数可以省略，如 data.iloc[5]。行参数不可以省略，如果选择所有行，则使用 data.iloc[:,*列参数*]或者 data.loc[:,*列参数*]。
- 对于布尔型列表作为参数的情况，其处理方式和前述一样。
- 单值只选择满足条件的某一行或者某一列。如果传递一个列表，则选择列表中出现的行或者列。对于切片，则选择满足切片要求的行或者列。这里需要注意.iloc 和.loc 对整数切片的不同处理方式。如果传递一个整数切片(start,end,step)，.loc 会选择索引（或列名）等于 "end" 的数据，而.iloc 则不会，如图 3-13 所示。

49

- 如果传递一个函数参数（即 callable 参数，如 lambda 表达式），则依据函数的返回值对数据进行筛选，如 test_df.iloc[lambda x:x.index%2==0]将选择索引值为偶数的行。

```
In [15]: test_df = pd.DataFrame(np.random.randint(0,10,(4,4)), index=[0,2,3,0], columns=['A','B','C','D'])

In [16]: test_df
Out[16]:
          A B C D
        0 3 9 7 2
        2 3 1 4 1
        3 7 9 5 9
        0 1 9 3 7
```

选择第0、2行中的第1、3列（下标均从0开始）

```
In [11]: test_df.iloc[2:3, [1,3]]
Out[11]:
          B D
        3 9 9
```

选择第2、3行中的'B'到'D'列。

可以看到，同样的整数切片2:3，.iloc和.loc的结果是不一样的

```
In [9]: test_df.loc[2:3, 'B':'D']
Out[9]:
          B C D
        2 7 6 4
        3 9 4 9
```

思考练习：下面的代码哪里有错？

```
In [ ]: test_df.iloc[0:3,'B':'D']
```

图 3-13　.iloc 和.loc 对切片的不同处理方式

【例 3-13】显示所有 Country 值（与【例 3-7】比较）。

```
data.loc[:,'Country']          #正确的代码
data.iloc[:, 1]                #正确的代码
data.loc['Country']            #错误的代码，不能省略行参数
data.loc[:, 1]                 #请读者自行思考代码的错误之处
```

【例 3-14】显示第 222 条记录（与【例 3-9】比较）。

```
data.iloc[222]
```

【例 3-15】显示第 222 条记录（与【例 3-14】比较）。

```
data.loc[222]
```

【例 3-16】显示第 100～150 条记录中的 Country、City、AvgTemperature。

```
data.iloc[100:151, [1,3,7]]
```

【例 3-17】显示第 100、110、190、200 条记录中的 Region 和 Country。

```
data.iloc[ [100,110,190,200], [0,1] ]
```

【例 3-18】显示第 100、110、190、200 条记录中除第一列之外的所有列。

```
data.iloc[ [100,110,190,200], 1:]
```

【例 3-19】显示所有 Region 为 Asia 的记录（与【例 3-11】比较）。

```
data.loc[data['Region']=='Asia']
```

3.6.3 采用表达式方式

3.6.1 小节和 3.6.2 小节分别介绍了以下标和索引方式筛选数据集的方法，这两种方法在使用上较为便捷，但是无法提供基于内容的选择，如显示 2020 年 1 月 1 日的记录、查询 Paris 在 2019 年 1 月的记录等。因此，Pandas 提供了 DataFrame.query()方法，用于实现基于内容的查找、修改列和创建新列等功能。本小节将介绍 DataFrame.query()的查找功能，修改列和创建新列功能将在项目四中介绍。读者需要注意的一个细节是 DataFrame.query()默认返回一个新的 DataFrame。

【例 3-20】显示 2020 年所有的记录。

```
data.query('Year==2020')
```

【例 3-21】显示所有 Country 为 China，并且 City 为 Guangzhou 的记录（与【例 3-12】比较）。

```
data.query('Country=="China" and City=="Guangzhou" ')
```

【例 3-22】显示 1995 年 1 月 1 日中国广州市的记录。

```
data.query('Country=="China" and City=="Guangzhou" and Month==1 and Day==1
and Year==1995 ')
```

【例 3-23】显示 New York City 所有日均气温低于 10°F 的记录。（注意查看结果中的异常记录。）

```
data.query('City=="New York City" and AvgTemperature <10')
```

【例 3-24】显示 2020 年 Paris 和 London 的所有气温记录。

```
data.query('Year==2020 and (City=="Paris" or City=="London")')
```

表 3-3 总结了 Pandas 支持的数据访问方式。

表 3-3 Pandas 支持的数据访问方式

使用方法	参数	作用
索引方式： DataFrame[参数]	单个字符串	显示对应的列
	字符串列表	显示列表里面的所有列
	整数切片	显示满足切片的行
	布尔型数组	显示数组元素为 True 值时对应的行
表达式查询方式： DataFrame.query(参数)	查询条件	显示满足查询条件的所有行

使用方法	参数	作用
.iloc 方式： DataFrame.iloc[*行参数，列参数*]	单个整数	显示对应的行（或列）
	整数切片	显示满足切片要求的行（或列）
	整数列表	显示列表里面出现的行（或列）
	布尔型列表	显示 True 值对应的行（或列）
	callable 方法	依据方法返回值选择行（或列）
.loc 方式： DataFrame .loc[*行参数，列参数*]	单值、字符切片、字符列表	参考.iloc 对不同类型参数的处理方式

3.6.4　数据可视化

将复杂、隐晦、海量的数据以便于人类理解的图表方式进行表达，即为数据可视化。本小节将介绍数据可视化技术。

【例 3-25】显示中国广州市 1995 年到 2020 年的日均气温变化。

```
data.query('Country=="China" and City=="Guangzhou"')['AvgTemperature'].
plot()
```

运行结果如图 3-14 所示，其中 *y* 轴为指定的 AvgTemperature 列数据（单位为华氏度°F），*x* 轴为数据对应的整数行索引。

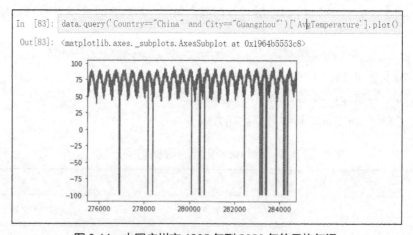

图 3-14　中国广州市 1995 年到 2020 年的日均气温

只需要一行代码即可绘制一张内容丰富的图片，这是 Pandas 提供的令人激动的特性。即使图 3-14 中有不少细节需要改进（如坐标轴问题、图片大小问题、数据过于密集等），但这些问题可以通过不断完善后续代码来解决。图 3-14 中的数据清晰地体现了数据的总体变化趋势，并且帮助用户发现数据存在的异常现象，如某些天的温度为负值。因此，数据可视化是数据分析中一个重要的环节，本书将在后续内容中重点实践。

3.6.5 练习

【练习 3-9】显示 City 列的值。

【练习 3-10】显示除了 AvgTemperature 列之外的列的值。

【练习 3-11】显示 2001 年 1 月 1 日所有中国城市的行数据。

【练习 3-12】显示 2001 年 1 月 1 日所有中国城市的行数据，只显示 City 和 AvgTemperature 列。

【练习 3-13】显示所有 AvgTemperature 列中大于 95 的中国城市的行数据。

【练习 3-14】显示第 0、50、100、150 行数据中的 Month、Day、Year 列。

【练习 3-15】显示第 0、50、100、150、……、2906300 行的行数据。

【练习 3-16】显示所有偶数行。

【练习 3-17】显示所有奇数行，并且倒序显示。

【练习 3-18】显示第 0 行到倒数第 10 行之间的行数据（不包括倒数第 10 行）。

【练习 3-19】显示第 0 行到倒数第 10 行之间的行数据（使用 head()实现）。

【练习 3-20】显示第 10 行到最后一行的行数据（使用 tail()实现）。

【练习 3-21】显示第 0 行到倒数第 10 行之间的行数据，并且倒序显示。

【练习 3-22】显示除了第 1、11、111、111 行外的所有行（使用布尔型列表）。

【练习 3-23】只显示第 1、11、111、111、……、1111111 行（使用列表参数）。

【练习 3-24】显示 2019 年 Japan 的所有行数据。

【练习 3-25】显示 2019 年 7 月 Tokyo 气温大于 80°F 的行数据。

【练习 3-26】显示 2019 年 7 月和 8 月 Tokyo 的行数据。

【练习 3-27】绘制中国上海市 2013 年的日均气温变化情况。

【练习 3-28】绘制 Washington 在 1996 年 1 月的日均气温变化情况，要求使用直方图。

3.7 项目总结

气候变暖作为一个全球的话题，受到越来越密切的关注。本项目以记录 1995—2020 年全球主要城市的日均气温数据集 city_temperature.csv 为例，演示了读入数据、查看数据、访问数据内容、进行数据可视化等基本操作。

通过这个项目的实践，细心的读者会发现即使掌握了本项目的基本操作，也仍然存在不少需要提高的地方。例如，访问数据时按照记录位置进行访问，这显然不是方便的访问方式，人们更倾向于获得"上海市在 2013 年 6 月 5 日的温度是多少""纽约市的平均温度是升高了还是降低了""欧洲哪个城市的温度升幅最大"等问题的答案。这些查询不仅需要对数据文件进行重组，还需要挖掘数据里隐藏的趋势信息。因此，接下来的项目将会重点讲解数据分析中的进阶处理技巧，并实操数据分析的实用技巧。

项目 四 全球气温变化趋势（二）——数据分析

项目三介绍了数据分析的第一阶段工作，即加载数据、检查数据以及基本的数据访问。为了满足数据的交换以及可读性要求，共享的数据集一般采用通用的数据格式，如英文列标题、基于自然数的行索引、特定地区的日期格式等，这不利于后续的复杂数据分析和查询（如多级索引查询和统计查询等）。因此，本项目将介绍数据分析的第二阶段工作，即对读入的数据进行处理，包括列处理、日期数据转换、多级索引设置、分组统计等，使其满足实际项目分析过程中复杂查询的要求。

项目重点

- 重命名列、删除列、合并列。
- 转换日期数据。
- 设置索引（设置单级索引、设置多级索引）。
- 查询索引。
- 实现分组统计。

4.1 项目背景

city_temperature.csv 记录了原始的气温数据，具有覆盖地理范围广、时间跨度大、数据项目多等特点，这些特点使得其中隐藏的气温趋势不易被人察觉。例如，相对于"查询巴黎市 2020 年 1 月 1 日的气温"这样的细节数据查询，还有一些能更好展示气温变化趋势的查询，如查询"巴黎市 2020 年 1 月的最高气温和最低气温""历年来巴黎市冬天的平均气温变化趋势如何""伦敦市的夏天高温天数有没有变化"等。上述查询以简洁易懂的方式帮助公众快速了解气温变化趋势，激发其对气温变化的关注。类似的查询举例如下。

- 查询广州市 2019 年 1 月 1 日的气温（基于时间的查询）。
- 查询广州市 2019 年夏天的气温（基于人们生活习惯的查询）。
- 查询广州市 2019 年的气温最高值和最低值（基于统计的查询）。
- 查询广州市 2019 年 7 ~ 9 月气温超过 35℃的天数（基于统计的查询）。
- 查询不同年份广州市夏天气温超过 35℃的天数（基于分组的统计查询）。
- 查询广州市 7 月平均气温最高的年份（基于排序的查询）。

和 3.6 节的实例相比，上述查询更符合人们的认知习惯，与生活的联系更紧密，能为公众提供具体、直观、易懂的数据对比，从而帮助其快速判断气温变化趋势。本项目接下来的内容将介绍为实现这些查询所需要掌握的 Pandas 知识点和技能。

4.2 技能图谱

图 4-1 所示为本项目涉及的技能图谱。列处理为 Pandas 的基本处理技巧，主要包括列的重命名、删除、合并等操作。其次，DataFrame 是一个二维结构，对行的处理实际上为对行索引的处理，包括单级索引和多级索引。因此，建立一个恰当的索引能大大简化查询的实现过程，是数据分析师需要掌握的一个重要技巧。最后，统计分析能帮助数据分析师从细节中发现事物的发展趋势，是一个必不可少的核心技能。

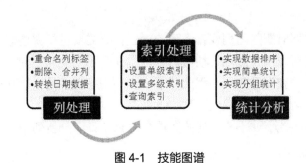

图 4-1 技能图谱

4.3 列处理

一个数据集中的列数据代表所有样本共有的特征，对机器学习、神经网络、深度学习具有非常重要的意义。Pandas 支持丰富的列处理操作，为后续的模型建立、模型评价、模型调优提供了良好的数据输入。下面的实例和练习假设已经正常读入 city_temperature.csv 文件，并用变量 data 保存读入的数据集。

4.3.1 重命名列标签

【例 4-1】将 "Region" 列标签修改为 "区域"。

```
data.rename(columns={'Region':'区域'}, inplace=True)
```

【例 4-2】将 "Country" 和 "State" 列标签分别修改为 "国家" 和 "州/省份"。

```
data.rename(columns={'Country':'国家', 'State':'州/省份'}, inplace=True)
```

【例 4-3】同时修改所有列的列标签。

```
data.columns=['区域', '国家', '州', '城市', '月', '日', '年', '日内平均气温']
```

当需要修改全部列标签的时候，将新列标签列表赋给 data.columns 属性即可，注意提供的新列标签的数量要与已有数据列的数量保持一致。如果只是修改特定列标签，则上述方法不可用，需要利用 DataFrame.rename()方法，并提供一个字典类型的参数 columns（将旧列标签映射为新列标签）。DataFrame.rename()支持参数 inplace，默认是 False，即不对原始数据进行修改，而复制原始数据，得到一个新的数据集，并对新数据集进行修改。例子中设置 inplace=True，表示不创建新的数据集，直接在原始数据集上进行修改。读者可以自行删除 inplace=True，然后对比运行结果。

除了修改列标签之外，Pandas 还支持命名其他对象的操作。读者请自行查看下面代码的运行效果。

```
data.index.name = '序号'
```

4.3.2 删除、合并列

如果需要删除数据中的一列或者多列数据，需调用 DataFrame.drop()方法进行删除操作。删除数据为永久性操作，即被删除的数据不能被恢复，除非重新读入原始数据集。

【例 4-4】删除"州"列数据。

```
data.drop(columns='州', inplace=True)
```

思考：如果需要同时删除两列或者多列，上述代码需要进行哪些修改？

进一步对数据进行查看，发现日期信息分散在 3 个不同的列里面（"月""日""年"），不利于后续基于日期的查询的实现。因此，下一步利用字符串的拼接功能，对 3 列的数据进行合并，并将合并后的日期存储到新列"日期"。

【例 4-5】将"年""月""日"3 列的数据合并到"日期"新列中，如图 4-2 所示。

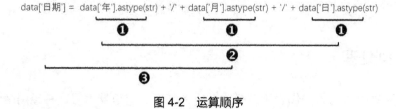

图 4-2　运算顺序

图 4-2 中展示的代码运算过程如下所述。

第❶步：合并操作只适用于字符串，因此将"年""月""日"3 列的数据类型从 int64 转换为 str 类型。第❶步运行的结果是将所有的数值转换为字符串，如 1 转为"1"、1995 转为"1995"等。

第❷步：实现数据的合并，如图 4-3 所示（注意："年""月""日"3 列的数据现在是字符串类型，而不是数值类型）。

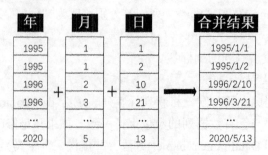

图 4-3　数据合并示意图

第❸步：将合并后的数据保存到 data。赋值符"="左边的表达式是 data['日期']，而"日期"列在原始数据里面是不存在的，因此 Pandas 会自动创建一个新列"日期"，并将合并结果作为新列的数据。最后的运算结果如图 4-4 所示。

```
data.head()
```

	区域	国家	州	城市	月	日	年	日内平均气温°F	日期
0	Africa	Algeria	NaN	Algiers	1	1	1995	64.2	1995/1/1
1	Africa	Algeria	NaN	Algiers	1	2	1995	49.4	1995/1/2
2	Africa	Algeria	NaN	Algiers	1	3	1995	48.8	1995/1/3
3	Africa	Algeria	NaN	Algiers	1	4	1995	46.4	1995/1/4
4	Africa	Algeria	NaN	Algiers	1	5	1995	47.9	1995/1/5

图 4-4　【例 4-5】结果示意图

4.3.3　转换日期数据

新创建的"日期"列中数据的类型是 object 类型，会影响基于日期的查询结果，如【例 4-6】所示。

【例 4-6】查询 1995 年 1 月 1 日的记录。

```
data.query('日期=="1995/1/1"')

data.query('日期=="1995/1/01"')                    #对比两种方式的结果差异
```

上述代码的运行结果存在差异的原因为：对于 object 类型的数据，Pandas 进行的是"表面"数值匹配，会认为"1995/1/1"和"1995/1/01"是两个不同的字符串。但是，如果要比较日期数据，则"1995/1/1"和"1995/1/01"表示的是相同的数据。因此，需要将"日期"列的数据转换为日期类型，方便后续基于日期的查询。

【例 4-7】将"日期"列数据转换为 Pandas.DateTime 类型。

```
data['日期'] = pd.to_datetime(data['日期'], format = '%Y/%m/%d', errors=
'coerce')
```

format 参数指定日期格式为"年/月/日"，需要注意，"%Y"是大写，其他两个表示月和日的格式字符是小写。另外，errors='coerce'表示如果碰到非法的日期字符串，则将其设为 NoT（Not a Time：非日期数据），并继续解析余下数据。to_datetime()支持批量数据转换，如【例 4-7】中的 to_datetime()一次性处理所有"日期"列数据（共 2906327 条），无须编写循环代码，因此具有很高的运行效率。"日期"列数据转换完毕后，再次运行【例 4-6】中的代码，注意不同数据类型对查询结果的影响。

日期类型的数据支持种类丰富的日期条件查询。

【例 4-8】查询广州市在 2013 年 7 月的数据（基于日期区间的查询）。

```
data.query('城市=="Guangzhou" and 日期 >= "2013/7/1" and 日期<="2013/7/31"')
```

【例 4-9】查询广州市在 2013 年 7 月的数据。

```
#注意：单个查询条件需要加圆括号
```

```
data[(data['日期'].dt.year == 2013) & (data['日期'].dt.month == 7) & (data
['城市']=='Guangzhou')]
```

【例 4-9】利用了 Pandas 中 Series 结构的 dt 属性，其记录了大量与时间相关的信息，常用的有 dt.year、dt.month、dt.day、dt.dayofweek、dt.weekofyear 等。

【例 4-10】查询广州市所有星期一的气温数据。

```
data[(data['日期'].dt.dayofweek ==1) & (data['城市']=='Guangzhou')]
```

【例 4-11】查询广州市 2013 年 7 月 1 日及其后面 15 天的数据。

```
import datetime
from datetime import timedelta
data[(data['日期'] >= '2013/7/1') & (data['日期'] <= pd.to_datetime
('2013/7/1') + timedelta(days=15)) & (data['城市']=='Guangzhou')]
```

日期数据如果和索引结合，将会大大简化【例 4-9】~【例 4-11】中的代码，4.4 小节中将讲述相关内容。

4.3.4 练习

【练习 4-1】创建一个"年"列的备份列，列标签为"年_备份"。

【练习 4-2】删除数据集里面的"月"和"日"列。

【练习 4-3】创建一个新列"星期几"，里面存储对应日期的星期信息。

【练习 4-4】尝试将"星期几"列的数据转换为整数类型，并解释出错原因。

【练习 4-5】删除数据集里面"年_备份"列中第 201 行的数据（注意：删除行，而不是删除列）。

【练习 4-6】查询 New York City 在 2000 年 1 月的数据。

【练习 4-7】查询 New York City 在 2000 年 1 月到 3 月的数据。

【练习 4-8】查询 New York City 在 2000 年 8 月最后一天的数据（要求计算 8 月最后一天的日期）。

【练习 4-9】查询 New York City 在 2000 年第 47 周的数据。

【练习 4-10】查询 New York City 在 2000 年 7 月 1 日及前后 15 天的数据（总共是 31 天的数据）。

【练习 4-11】查询 New York City 在 2000 年 7 月 1 日所处周的整周数据（2000 年 7 月 1 日是星期六，因此显示 2000 年 6 月 26 日至 2000 年 7 月 2 日之间的数据，要求通过计算获取所处周的开始和结束日期）。

【练习 4-12】查询 New York City 在 2000 年 7 月 1 日所处周的工作日数据。

4.4 索引处理

4.3 节的数据处理实现了列标签重命名和日期数据转换的操作，提高了数据查询的便利性。如果结合 Pandas 里面的索引，将进一步降低查询条件的编写复杂度，提高用户的工作效率。以【例 4-8】中的"查询广州市在 2013 年 7 月的数据"为例，如果能支持类似于（Guangzhou，"2013/7"）这样的查询条件，则代码更为简洁明了、易于用户理解。因此，本节将利用 Pandas 的索引特性来支持这种查询。

4.4.1 设置单级索引

3.5.3 小节中介绍了 Pandas 支持的主要数据结构 Series 和 DataFrame，两者均包括一个索引和数据。简而言之，索引是相应数据的"别名"，方便用户查询。图 4-5 所示的 DataFrame 有 4 行数据，每行数据对应一个索引，即别名。因此，可以认为第一行数据[3, 9, 7, 2]的别名为"0"，第二行数据的别名为"2"，以此类推。图 4-5 中的索引只包括一个层级，称为单级索引。如果一个索引包括多个层级，则称为多级索引。4.4.2 小节将介绍多级索引。

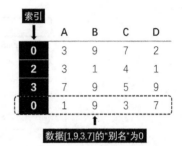

图 4-5　DataFrame 中的索引

除了标识数据（行和列数据）之外，Pandas 的索引还能实现数据的自动对齐，提高数据查询性能，.loc、.iloc 和 []均利用索引来进行查询。此外，索引支持编写更直观的查询条件，如(Guangzhou，"2013/7")较('城市=="Guangzhou" and 日期 >= "2013/7/1" and 日期<="2013/7/31"')直观。Pandas 使用 set_index()来设置单级索引，其运行效果如图 4-6 所示（注意"城市"标签所处的位置）。

```
data.head()
```

	城市	区域	国家	月	日	年	日内平均气温°F	日期
0	Algiers	Africa	Algeria	1	1	1995	64.2	1995-01-01
1	Algiers	Africa	Algeria	1	2	1995	49.4	1995-01-02
2	Algiers	Africa	Algeria	1	3	1995	48.8	1995-01-03
3	Algiers	Africa	Algeria	1	4	1995	46.4	1995-01-04
4	Algiers	Africa	Algeria	1	5	1995	47.9	1995-01-05

```
data.set_index('城市', inplace=True)
```

```
data.head()
```

	区域	国家	月	日	年	日内平均气温°F	日期
城市							
Algiers	Africa	Algeria	1	1	1995	64.2	1995-01-01
Algiers	Africa	Algeria	1	2	1995	49.4	1995-01-02
Algiers	Africa	Algeria	1	3	1995	48.8	1995-01-03
Algiers	Africa	Algeria	1	4	1995	46.4	1995-01-04
Algiers	Africa	Algeria	1	5	1995	47.9	1995-01-05

图 4-6　单级索引示意图

【例 4-12】查询广州市在 2013 年 7 月的数据。

```
data.loc['Guangzhou'].query('日期.dt.month==7')
```

与【例 4-8】中的代码相比，【例 4-12】的代码简化了城市查询条件，更直观、紧凑。

4.4.2　设置多级索引

单级索引只支持基于单个索引条件的查询。如果需要支持多个查询条件，则需要设置多级索引，其第一种方法为在现有索引的基础上添加新的索引，如图 4-7 所示。

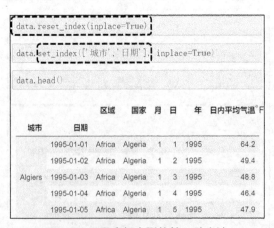

图 4-7　设置多级索引的第一种方法

设置"日期"为第二级索引的时候，注意 set_index()中的参数 append=True，表示将"日期"添加为下一级索引。运行之前"城市"已经作为第一级索引，因此"日期"将作为第二级索引存在，其排列位置在"城市"之后，如图 4-7 所示。读者可自行对比去掉 append 参数的运行结果。

设置多级索引的第二种方法为先去掉所有索引，然后一次性设置多级索引，如图 4-8 所示。

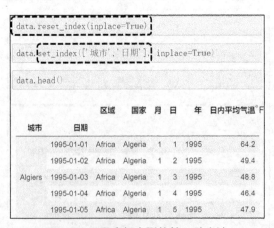

图 4-8　设置多级索引的第二种方法

调用 set_index()时，注意第一个参数的写法：['城市','日期']。它将两个参数打包为一个列表传给 set_index()，表示将"城市"作为第一级索引，将"日期"作为第二级索引。当需要将多个值传递给一个参数时，将其打包为列表或者元组是常见的 Python 处理方法。

设置多级索引之后，根据 Pandas 要求，运行下面代码，对索引进行排序。

```
data.sort_index(level='城市', inplace=True)
```

4.4.3 查询索引

【例 4-13】查询 Guangzhou 的数据。

```
data.loc['Guangzhou']
```

【例 4-14】查询 Paris 的数据。

```
data.loc['Paris']
```

【例 4-15】查询 Shanghai 和 Guangzhou 的数据。

```
data.loc[ ['Shanghai', 'Guangzhou'] ]
```

【例 4-16】查询广州市在 2013 年 7 月 1 日的数据。

```
data.loc[("Guangzhou", '2013/7/1'), ]
```

【例 4-17】查询广州市在 2013 年 7 月的数据。

```
data.loc[("Guangzhou", '2013/7'), ]
```

进行多级索引查询之前，需要掌握 Pandas 对元组和列表的解析规则。Pandas 将元组解释为一个多级索引值，而将列表解释为多个索引值的集合。例如，当把元组（"Shanghai"，"2013/7/1"）用于多级索引查询时，Pandas 将用"Shanghai"去匹配第一级索引，用"2013/7/1"去匹配第二级索引，如图 4-9 所示；如果使用列表["Shanghai"，"Guangzhou"]，则只在第一级索引里面匹配"Shanghai"和"Guangzhou"（【例 4-15】）。

图 4-9　多级索引中的元组

为了避免在检索多级索引的时候出现错误，强烈建议读者在编写多级索引查询条件的时候严格遵循图 4-10 所示的编写格式。

图 4-10　多级索引查询条件的编写格式

图 4-10 中最后的逗号用来帮助 Pandas 正确地区分多级行索引和列索引，官方文档建议不要省略，以避免 Pandas 在解析多级行索引和列索引的时候出现问题。下面是进行多级索引查询的具体实例。

【例 4-18】查询广州市在 2013 年 7 月 1 日的数据。

```
index1 = 'Guangzhou'
index2 = '2013/7/1'
data.loc[ (index1, index2), ] #使用元组表示多级索引: ('Guangzhou', '2013/7/1')
```

Python 数据分析（项目式）

【例 4-19】查询广州市、上海市在 2013 年 7 月的数据。

```
index1 = ['Guangzhou', 'Shanghai']
index2 = '2013/7'
data.loc[ (index1, index2), ]
```

【例 4-20】查询广州市在 2013 年 7 月 1 日和 2014 年 7 月 1 日的数据。

```
index1 = 'Guangzhou'
index2 = ['2013/7/1', '2014/7/1']
data.loc[ (index1, index2), ]
```

【例 4-21】查询广州市、上海市在 2013 年 7 月和 2014 年 8 月的数据。

```
index1 = ['Guangzhou', 'Shanghai']
index2 = ['2013/7', '2014/8']
data.loc[ (index1, index2), ]
```

【例 4-22】查询广州市和上海市的所有数据。

```
index1 = ['Guangzhou', 'Shanghai']
data.loc[ (index1, ), ]
```

当需要使用切片查询时，建议使用 pandas.IndexSlice[]方式创建适用于多级索引的切片。pandas.IndexSlice[]用来生成各级索引的切片，并且支持省略其中某一级的索引。以下例子的代码均用 index1 和 index2 指定第一级和第二级索引，并用 idx(index1, index2)生成多级行索引，最后使用 data.loc[index,]查询数据。

【例 4-23】查询广州市在 2013 年 7 月 1 日至 2013 年 7 月 15 日的数据。

```
idx = pd.IndexSlice
index1 = 'Guangzhou'
index2 = slice('2013/7/1', '2013/7/15')
index = idx[index1, index2]
data.loc[ index, ]
```

【例 4-24】查询广州市和上海市在 2013 年 7 月 1 日至 2013 年 7 月 15 日的数据。

```
idx = pd.IndexSlice
index1 = ['Guangzhou', 'Shanghai']
index2 = slice('2013/7/1', '2013/7/15')
index = idx[index1, index2]
data.loc[ index, ]
```

【例 4-25】查询广州市和上海市的所有数据（对比【例 4-22】的解决方法）。

```
idx = pd.IndexSlice
index1 = ['Guangzhou', 'Shanghai']
index2 = slice(None)
index = idx[index1, index2]
data.loc[ index, ]
```

【例 4-26】查询 2020 年 1 月 1 日和 2020 年 5 月 1 日的所有数据（省略第一级索引，第二级索引为单值集合）。

```
idx = pd.IndexSlice

index1 = slice(None)

index2 = ['2020/1/1','2020/5/1']

index = idx[index1, index2]

data.loc[ index, ]
```

【例 4-27】查询 2020 年 1 月 1 日到 2020 年 5 月 1 日的所有数据（省略第一级索引，第二级索引为切片）。

```
idx = pd.IndexSlice

index1 = slice(None)

index2 = slice('2020/1/1','2020/5/1')

index = idx[index1, index2]

data.loc[ index, ]
```

4.4.4 练习

本小节练习均假设已设置多级索引['城市','日期']。

【练习 4-13】查询 Paris 在 2020 年 1 月 1 日的记录。

【练习 4-14】查询 Paris 在 2020 年 1 月 1 日的记录，只显示"日内平均气温"列。

【练习 4-15】查询 Paris 和 New York City 在 2020 年 1 月 1 日的记录。

【练习 4-16】查询 2020 年 1 月 1 日的所有记录。

【练习 4-17】查询 2020 年 1 月 1 日所有亚洲城市的记录。

【练习 4-18】查询 London 在 2020 年 3 月 1 日到 2020 年 4 月 1 日的所有记录。

【练习 4-19】查询 London 和 Zurich 在 2019 年 5 月 3 日和 2020 年 5 月 3 日的记录，只显示"日内平均气温"列。

【练习 4-20】使用 reset_index()复原所有多级索引，并将"区域""国家""州""城市""日期"设置为多级索引，如图 4-11 所示。基于图 4-11 所示的 5 级索引，完成【练习 4-21】～【练习 4-31】。

区域	国家	州	城市	日期	月	日	年	日内平均气温
Africa	Algeria	NaN	Algiers	1995-01-01	1	1	1995	64.2
				1995-01-02	1	2	1995	49.4
				1995-01-03	1	3	1995	48.8
				1995-01-04	1	4	1995	46.4
				1995-01-05	1	5	1995	47.9

图 4-11 新的多级索引

【练习 4-21】查询所有亚洲城市的记录。

【练习 4-22】查询所有亚洲城市在 2020 年 5 月 1 日的记录。

【练习 4-23】查询所有亚洲、非洲城市在 2020 年 5 月 1 日至 2020 年 5 月 5 日的记录。

【练习 4-24】查询 France 和 US 所有城市在 2020 年 4 月 7 日、2020 年 4 月 13 日、2020 年 5 月 3 日的记录。

【练习 4-25】查询 US 的 Utah、Iowa 在 2018 年 11 月的所有记录。

【练习 4-26】将"日内平均气温"列的华氏温度转换为摄氏温度（转换公式为：$C=(F-32) \div 1.8$）。

【练习 4-27】查询在 2019 年 8 月 3 日气温高于 30℃的所有亚洲、欧洲、北美洲城市的记录。

【练习 4-28】查询 Guangzhou 在 2019 年气温位于 25℃和 35℃之间的所有记录。

【练习 4-29】查询 2020 年 1 月 1 日气温低于 0℃的亚洲城市的记录。

【练习 4-30】查询 Paris、London 在 2019 年 5 月 1 日及 2020 年 1 月 1 日—2020 年 5 月 1 日的记录。

【练习 4-31】查询 Paris 和 US 所有城市在 2019 年 5 月 1 日及 2020 年 1 月 1 日—2020 年 5 月 1 日的记录。

4.5 统计分析

数据查询帮助用户从数据里面筛选出满足特定条件的记录，但是仅限于展示数据细节，未进行更进一步的数据分析和规律发现。只有对数据进行整理、挖掘，才能发现隐藏于其中的规律，从而使数据更好地服务于人们的生活。例如，如何发现 Guangzhou 每年的最高气温在哪一个月、哪一个星期？1995—2019 年期间 Guangzhou7 月的月平均气温变动趋势是什么？1 月呢？温差最大的是哪一年？以上问题的解答需用到数据排序和分组统计功能，因此接下来先介绍数据排序。

4.5.1 实现数据排序

读者需要了解的一个事实是：当 Pandas 读入数据文件时，默认情况下不会对列和行进行排序。换言之，读入保存的数据和数据文件里面的数据在形态上是一模一样的。因此，如果需要对行数据进行排序，则可以利用 pandas.sort_values()和 pandas.sort_index()。这两个方法的使用技巧相同，区别在于作用对象不同：前者适用于数据，后者适用于索引。为了方便后续实践内容的开展，这里重新读入 city_temperature.csv 文件，并将其整理为图 4-12 所示的数据（注意："日内平均气温"列的数据已由华氏温度℉转换为摄氏温度℃）。

	区域	国家	州	城市	月	日	年	日内平均气温℉	日期
0	Africa	Algeria	NaN	Algiers	1	1	1995	17	1995-01-01
1	Africa	Algeria	NaN	Algiers	1	2	1995	9	1995-01-02
2	Africa	Algeria	NaN	Algiers	1	3	1995	9	1995-01-03
3	Africa	Algeria	NaN	Algiers	1	4	1995	7	1995-01-04
4	Africa	Algeria	NaN	Algiers	1	5	1995	8	1995-01-05

图 4-12 整理后的数据

【例 4-28】按"日内平均气温"列排序（查看排序后的数据，注意观察数据存在的问题）。

```
data.sort_values(by=['日内平均气温'], inplace=True)
```

【例 4-29】按"日内平均气温"列排序（降序）。

```
data.sort_values(by=['日内平均气温'], inplace=True, ascending=False)
```

【例 4-30】按"日期""日内平均气温"列排序。

```
data.sort_values(by=['日期','日内平均气温'], inplace=True)
```

【例 4-31】按"日期""日内平均气温"列排序（两列均按降序排列）。

```
data.sort_values(by=['日期', '日内平均气温'], inplace=True, ascending=False)
```

【例 4-32】按"日期""日内平均气温"列排序（"日期"列按降序排列，"日内平均气温"列按升序排列）。

```
data.sort_values(by=['日期', '日内平均气温'], inplace=True, ascending=[False,
True])
```

4.5.2　实现简单统计

简单统计用来完成不需要使用分组的查询，例如，广州市的最高气温是哪一天，2020年 5 月 13 日的最高气温和最低气温分别是多少。这些查询只涉及对数据集进行全体意义上的统计计算，并只返回一个计算值。Pandas 总共支持 13 个统计方法，其中常用的包括mean()、max()、min()、count()、sum()、size()，其名字体现了各个方法的作用。下面是具体的例子。

【例 4-33】查询历年来的最高气温。

```
data['日内平均气温'].max()
```

【例 4-34】查询广州市在 2019 年的年平均气温。

```
data.query('城市=="Guangzhou"').query('年==2019')['日内平均气温'].mean()
```

【例 4-34】中的代码利用 Pandas 里面的链式运算法则，其运算逻辑如图 4-13 所示，遵循从左往右、链式运算的原则，即第❶步的运算结果作为第❷步的输入，第❷步的运算结果作为第❸步的输入，以此类推，直到所有运算完毕。

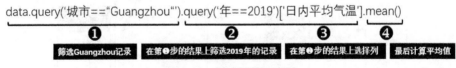

图 4-13　链式运算示意图

以图 4-13 为例，各运算步骤如下所示。

第❶步：运行 data.query('城市=="Guangzhou"')，获取城市为"Guangzhou"的所有记录，其结果用 r_1 表示。

第❷步：运行 r_1.query('年' == 2019)，再次筛选 2019 年的记录，即 Guangzhou 在 2019年的所有记录，其结果用 r_2 表示。

第❸步：运行 r₂['日内平均气温']，选择"日内平均气温"列，即 Guangzhou 在 2019 年的"日内平均气温"列的所有记录，其结果用 r₃ 表示。

第❹步：运行 r₃.mean()，计算平均值，平均值即为 Guangzhou 在 2019 年的年平均气温。

【例 4-35】查询 Guangzhou 在 2019 年的最高气温及其日期。

```
guangzhou_max=data.query('城市=="Guangzhou" and 年==2019')['日内平均气温'].max()

data.query('城市=="Guangzhou" and 年==2019 and 日内平均气温==@guangzhou_max')
```

这个查询的解决思路是先获取 Guangzhou 在 2019 年的最高气温，保存为 guangzhou_max 变量；然后使用 guangzhou_max 作为查询条件，筛选 Guangzhou 在 2019 年气温等于 guangzhou_max 的记录。"@guangzhou_max"表示引入变量 guangzhou_max 的值。

4.5.3 实现分组统计

4.5.2 小节介绍的技能可以解决类似于"广州市的最高气温是哪一天"的查询，但是不能实现"查询广州市 2019 年每个月的月平均气温""计算 US 每个州在 2020 年 1 月的月平均气温""计算 Paris 1995 年到 2020 年的 1 月平均气温"。这些查询需要将数据按照要求进行分组，然后针对每个分组进行统计计算，返回一个或者多个计算值。

【例 4-36】新建一个 DataFrame，并按照"A"列统计各组平均值。

```
test_df = pd.DataFrame([[1,2],[2,3],[2,0],[3,10],[1,6],[3,3]], columns=['A','B'])

test_df.groupby(by='A').mean()
```

其分组统计过程如图 4-14 所示，包括拆分、计算、组合 3 个过程。

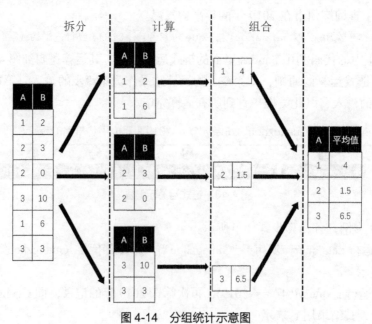

图 4-14　分组统计示意图

（1）拆分：将 test_df 按照 "A" 列的值进行拆分分组，"A" 值相同的记录放在同一组，因此 test_df 被分为 3 个组。

（2）计算：对每个组的数据进行 mean() 运算，获得每个组 "B" 列的平均值。如第一个分组里面 "A" 为 1，"B" 值分别为 2 和 6，因此其平均值为 (2+6)/2=4。

（3）组合：将每个分组的 "A" 值及 "B" 列平均值进行合并，形成最后的结果。请读者自行思考：为什么最后结果的行数一定等于分组的数目？

Pandas 提供 DataFrame.groupby() 进行分组，结合前面所述的统计函数，实现对分组统计查询的支持。编写分组统计查询的重点在于根据查询要求，选择相应的列进行分组。

【例 4-37】查询广州市 2019 年每个月的月平均气温。此例明确要求对 2019 年广州市的记录按照月份进行分组，而月份数据存储在 "月" 列，因此，对应的代码如下所示。

```
guangzhou_2019 = data.query('城市=="Guangzhou" and 年==2019')
                                          #广州市 2019 年的记录
guangzhou_2019_group = guangzhou_2019.groupby(by=['月'])
                                          #将数据按照月份进行分组
guangzhou_2019_group['日内平均气温'].mean()        #对每个月份统计平均气温
```

或使用如下代码（使用链式运算法则将上面代码组合为一条代码）。

```
data.query('城市=="Guangzhou" and 年==2019').groupby(by=['月'])['日内平均气温'].mean()
```

进行分组之前，建议对数据进行筛选，只选择需要进行分组的数据。这样既可以减少对资源的占用，又可以降低分组统计代码的编写难度，避免对数据进行错误的查询。

【例 4-38】按 "区域" 统计气温平均值（注意参数的省略写法）。

```
data.groupby('区域').mean()
```

【例 4-39】按 "区域" 统计气温平均值，只保留与平均气温相关的列。

```
data[['区域','日内平均气温']].groupby('区域').mean()    #分组前进行筛选
```

或使用如下代码。

```
data.groupby('区域').mean()['日内平均气温']       #统计完毕之后再筛选
```

或使用如下代码。

```
data.groupby('区域').agg({'日内平均气温':'mean'})
```

agg() 的参数为一个字典：{'日内平均气温':'mean'}，表示对 "日内平均气温" 进行求平均值运算，其他列不保留。如果不做特别说明，下面的实例均去掉与统计分析无关的列。

【例 4-40】按 "区域" 统计气温平均值，不建立额外的索引。

```
data.groupby('区域', as_index=False).agg({'日内平均气温':'mean'})
```

本例将 groupby() 的 as_index 参数设置为 False，指示 Pandas 不要将 "区域" 列作为索引。这样会带来性能上的提升，尤其适用于大型数据集。

【例 4-41】按 "区域" "年" 统计气温平均值。

```
data.groupby(by=['区域','年']).agg({'日内平均气温':'mean'})
```

或使用如下代码（注意两种方法产生的结果的区别）。

```
data.groupby(by=['区域','年']).agg({'日内平均气温':['mean']})
```

【例4-42】按"年"统计广州市1月的日均气温的最高值、最低值、平均值。

```
data.query('城市=="Guangzhou" and 月==1').groupby(by=['年']).agg({'日内平均
气温':['max', 'min','mean']})
```

【例4-43】按年统计广州市日均气温高于30℃的天数。

```
data.query('城市=="Guangzhou" and 日内平均气温>30').groupby('年').agg({'日内
平均气温':['count']})
```

【例4-44】按国家统计年均气温，只显示年均气温高于25℃的国家。

```
def my_filter1(x):
    return x['日内平均气温'].mean()>25
data.groupby('国家').filter(my_filter1).groupby('国家').agg({'日内平均气温
':'mean'})
```

上述代码利用 filter()去掉不满足条件的分组，将切分之后的每个分组数据（也是一个DataFrame）作为一个整体传递给 my_filter1()。因此，my_filter1()可以使用 DataFrame 操作判断分组数据是否满足条件，从而决定是保留还是舍弃整个分组。

【例4-45】新建数据集，并按"A"列统计各组的平均值，要求只显示平均值大于3的分组信息。

```
def my_filter2(x):
    return x['B'].mean()>3
test_df = pd.DataFrame([[1,2],[2,3],[2,0],[3,10],[1,6],[3,3]], columns=
['A','B'])
test_df.groupby(by='A').filter(my_filter2).groupby('A').agg(['mean'])
```

计算过程如图 4-15 所示，3 个分组数据分别标记为❶、❷、❸，依次传递给 my_filter2()。分组❷不满足条件，因此被舍弃。

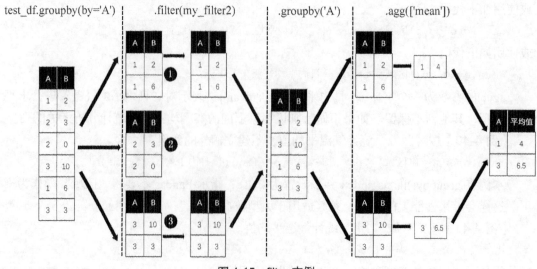

图 4-15 filter 实例

【例 4-46】统计 2019 年广州市月均气温高于 20℃的月份。

```
def my_filter2(x):
    return x['日内平均气温'].mean()>20
grouped_data = data.query('年=="2019" and 城市=="Guangzhou"').groupby('月')
grouped_data.filter(my_filter2).groupby('月').agg({'日内平均气温':'mean'})
```

或使用如下代码（使用 lambda 方法）。

```
grouped_data = data.query('年=="2019" and 城市=="Guangzhou"').groupby('月')
filtered_data = grouped_data.filter(lambda x: x['日内平均气温'].mean()>25)
filtered_data.groupby('月').agg({'日内平均气温':'mean'})
```

如果筛选的条件比较简单，使用 lambda 方法更简洁和直观。

【例 4-47】按年统计广州市比当年年均气温高的天数。

```
def my_apply1(x):
    return x[x['日内平均气温'] > x['日内平均气温'].mean()]
grouped_data = data.query('城市=="Guangzhou"').groupby('年', as_index =
False)
grouped_data.apply(my_apply1).groupby('年').agg({'日内平均气温':['count']})
```

【例 4-47】属于典型的分组后再对数据进行筛选的例子，需要先对数据进行分组，然后计算年均气温，并用计算出来的年均气温对分组数据进行筛选，得到最终的结果。Pandas 提供了.apply()，用来实现对分组后的数据进行过滤。

仍然以前面的人工数据集为例，按"A"列统计各组比平均值高的数据个数，运行下面代码。

```
def my_apply2(x):
    return x[x['B']>x['B'].mean()]
test_df = pd.DataFrame([[1,2],[2,3],[2,0],[3,10],[1,6],[3,3]], columns=
['A','B'])
test_df.groupby(by='A',as_index=False).apply(my_apply2).groupby('A').
agg(['mean'])
```

图 4-16 所示为具体的计算步骤。虽然 apply()和 filter()皆作用于分组后的数据，但是两者的处理方式不同。filter()根据条件判断是否保留整个子数据集，例如，图 4-16 中的❷号数据集因为不满足条件，所以整个❷号数据集被舍弃。反之，❶和❸则被整体保留。apply()则对数据集的处理更为灵活，可以筛选数据、修改数据，甚至还可以生成数据集。图 4-16 中的 apply()实现筛选数据的功能，❶号数据集中的（1，2）不满足条件（因为 2 小于❶号数据集的平均值 4），但是（1，6）满足条件。同理，❷和❸各自只保留了其中的一条记录。有兴趣的读者可以将上述代码转为用 lambda 方法实现。

【例 4-48】按年统计广州市的温差（即当年气温最高值减去当年气温最低值的结果）。

```
#这个例子里面的 apply()用于生成一个新的数据集
#观察结果中有什么异常数据
```

Python 数据分析（项目式）

```
def my_apply3(x):
    return x['日内平均气温'].max() - x['日内平均气温'].min()
grouped_data = data.query('城市=="Guangzhou"').groupby('年')
grouped_data.apply(my_apply3)
```

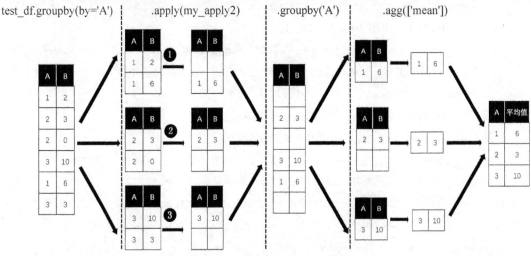

图 4-16　apply()实例

【例 4-49】统计 2000 年各区域年均温差小于 20℃的国家数量。

```
def my_apply3(x):
return x['日内平均气温'].max() - x['日内平均气温'].min()
#grrouped_data 是一个具有三重索引的 Series
grouped_data  =  data.query(' 年 ==2000').groupby(by=[' 区域 ',' 国家 ',' 年
']).apply(my_apply3)
grouped_data[grouped_data<20].groupby(level='区域').count()
```

【例 4-49】的难点在于 grouped_data 是一个具有三重索引的 Series，因此在第二次分组查询的时候使参数 level='区域'，实现按照"区域"索引进行分组。

4.5.4　练习

【练习 4-32】按"区域"进行排序。

【练习 4-33】按"区域""国家""州"进行排序。

【练习 4-34】按"区域"（升序）、"国家"（降序）、"州"（降序）进行排序。

【练习 4-35】查询 Asia 的最高气温。

【练习 4-36】查询 US 在 2020 年 1 月—2020 年 3 月所有城市的平均气温。

【练习 4-37】查询全球 2000—2010 年的最高气温和最低气温。

【练习 4-38】查询 US 的 New York City 2019 年气温小于 0℃的天数。

【练习 4-39】查询 Europe 的 2019 年最低气温及出现的城市和日期。

【练习 4-40】查询 2020 年 1 月 1 日的最低气温及出现的城市。

【练习 4-41】查询 Beijing 在 2000 年的平均气温。

【练习 4-42】查询 Beijing 气温比 2000 年平均气温高的天数。

【练习 4-43】计算 Paris 2019 年 7 月的平均气温和 2018 年 7 月的平均气温之差。

【练习 4-44】统计各国的气温平均值。

【练习 4-45】统计各国的气温平均值，并按照气温平均值降序显示。

【练习 4-46】统计各国的年均气温平均值。

【练习 4-47】统计 2019 年美国各州的气温最高值、最低值、平均值。

【练习 4-48】查询 2019 年 2 月美国月均气温最低的 5 个州。

【练习 4-49】统计 Paris 2000 年每月的温差。

【练习 4-50】统计 Paris 2000 年每月的温差，并将统计数据列命名为"月均温差"。

【练习 4-51】统计美国 California 在 2019 年 7 月日均气温高于 30℃的天数。

【练习 4-52】统计美国各州 1995—2019 年月均气温高于 20℃的月份数量。

【练习 4-53】统计 2019 年美国 California 各城市高温（日均气温高于 20℃）天数大于 15 天的月份及当月高温天数。

【练习 4-54】查询 2017—2019 年美国年均气温逐步升高（2019 年均气温>2018 年均气温>2017 年均气温>2016 年均气温）的州。

【练习 4-55】统计 1995—2019 年当年年均气温高于前一年年均气温的国家数量（如：1996 有 72 个国家年均气温比 1995 年高，1997 年有 42 个国家年均气温比 1996 年高）。

4.6　项目总结

作为项目三内容的延续，本项目介绍了 Pandas 对数据的进阶操作，包括对行和列的修改、索引的处理、多级索引的引入和查询、常用统计查询的编写。通过学习本项目内容，读者应能掌握以下技能。

- 常用的列操作：包括列重命名、列删除、列合并、日期数据处理等。
- 复杂索引处理：包括单级和多级索引的建立、基于索引的查询等。
- 数据排序：实现按照需求对数据进行排序。
- 统计查询：包括简单的统计查询、基于分组的统计查询。统计查询是数据分析中非常关键的一个环节，舍弃不必要的数据细节，展示数据背后的趋势，帮助人们更好地发现客观世界的运转规律。

如果仔细观察对数据进行分组统计之后获得的结果，会发现其中存在不少的异常数据，如年份异常（有的年份是"201"）、气温数据异常（2019 年广州市气温低于 0℃）、缺失值异常（"State"列里面有大量的 NaN 数据）等。这些异常数据的存在会影响数据分析的正常进行，甚至导致错误结果的出现。因此，项目五将介绍 Pandas 提供的异常检测、异常处理工具。这些工具可以过滤、修正异常数据、错误数据，保障后续分析环节的正常进行。最后，项目五还将介绍各类图表的绘制，实现数据的定制化展示。

项目 五 全球气温变化趋势（三）
——数据呈现

由于人为因素、机器故障因素、计算差错等的存在，数据集中会存在缺失、错误、异常、不规范的数据，需要利用数据清洗技巧对其进行填充、删除、转换等操作，将其转变为"干净"的数据集，降低甚至消除其对后续处理的不利影响。同时，数据可视化也是数据分析中的一个重要技巧，将多维、抽象的数据以二维或三维图形的模式展现在人们的面前，清晰有效地传达信息，实现人与信息数据的交互。通过本项目的学习，读者将掌握异常数据的检测、处理等技能，以及使用丰富的可视化手段（如折线图、饼图、柱状图），生动有效地呈现数据中隐含的规律。

项目重点

- 检测和处理缺失值。
- 检测和处理异常值。
- 实现数据转换（数据替换、离散化、重取样）。
- 绘制常用图表（折线图、饼图、柱状图）。
- 绘制定制化图表。

5.1 项目背景

如果询问数据分析工作者数据分析工作中最耗时间的处理流程是什么，答案无疑是数据准备环节，其中包括数据的加载、清理、转换和异常处理等工作。这些工作占用了数据分析工作者 50%~80%的时间。以 city_temperature.csv 数据集为例，运行 data['Year'].value_counts()查看"Year"列数据，会发现年份数据里面有明显错误的数据；或者，读者可以自行编写代码查看广州市在 2019 年 5 月、2018 年 11 月、2018 年 1 月等的气温，同样会发现异常的气温数据。在数据分析中，上述的问题数据统称为异常数据（也称"脏"数据）。

异常数据的产生原因有多种，包括数据采集异常、数据传输异常和数据录入异常等，异常数据的存在会对后续的数据分析、模型搭建、参数调优等产生影响。对异常值的处理不仅依赖于 Pandas 等提供的技术手段，更重要的是需要数据工作者对数据有一个清晰的了解，掌握数据自身特性。这样才能"揪出"真正的异常值，并且对异常值进行符合实际项目需求的正确处理，避免对后续的数据建模、机器学习等分析环节产生过多负面的影响。例如，假设出现类似于 2008 年冬季的极端天气情况，影响当年冬季月份的气温值，导致其偏离平时正常值。如果不结合实际情况，则可能错误地将偏低的气温数据认定为异常值，影响后续的数据分析。

数据清洗的主要目的是将一个原始数据集转换为高质量的数据集，帮助后续的统计分析、机器学习模型建立、模型测试、模型调优等操作顺利开展，最终发现数据集中隐含的规律，为更好地开展各种社会经济活动提供数据支持。数据可视化是数据表达的一个重要方式，利用图形技术，有效、清晰地对分析结果信息进行解读和传达，从不同的维度观察数据，实现对数据进行深入的观察和分析。

综上所述，本项目将介绍 Pandas 中的数据清洗技术，对异常数据进行检测和处理，同时利用 Matplotlib 提供的丰富可视化手段，进一步展示数据背后隐含的规律。为保证本项目代码的正确运行，假设使用 data 变量存储 city_temperature.csv 中的数据，保留原始列名（英文列名），除了将"AvgTemperature"列的数据由华氏温度转换为摄氏温度之外，不进行其他行列操作和数据转换等工作。

5.2 技能图谱

Pandas 提供的数据清洗工具的主要功能包括缺失值和重复值处理、异常值检测和处理、数据转换，本项目主要涉及的技能如图 5-1 所示。

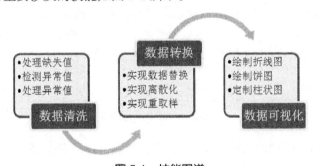

图 5-1 技能图谱

5.3 数据清洗

虽然 Python 和 Pandas 提供了强大的数据分析工具，但是一个优良的数据分析结果依赖于其输入数据集的数据质量。不少未经处理的实际数据集存在或多或少的问题，如数据缺失、数据格式不统一、数据单位不统一、数据错误等情况，存在这些问题的数据均被统称为"脏"数据。如 city_temperature.csv 数据集中存在数据缺失（"State"列）、数据单位问题（"AvgTemperature"列的气温数据使用华氏度）、数据错误问题（"AvgTemperature"列和"Year"列）等。因此，数据清洗的功能主要包括缺失值处理、异常值处理、数据转换（包括数据替换、离散化、重取样等）等。本节主要介绍缺失值和异常值处理，以及如何将箱形图作为可视化工具进一步分析异常值的出现规律，5.4 节将介绍数据转换技巧。

5.3.1 处理缺失值

不少数据分析项目使用的数据集存在数据缺失问题。对于缺失值的处理，Pandas 的目标是尽可能"默默"地忽略其存在。例如，Pandas 提供的一些统计工具（如 value_counts()、min()、max()）在默认情况下是不计算缺失值的。对于缺失值，Pandas 使用 float 类型的 NaN（Not A Number）表示，因此以下内容均用 NaN 指代缺失值。

Pandas 提供了 isnull()（或 isna()）来检测数据中存在的 NaN。

【例 5-1】查看数据集中可能存在的 NaN。

```
data.isnull()
```

运行结果如图 5-2 所示。

data.isnull()								
	Region	Country	State	City	Month	Day	Year	AvgTemperature
0	False	False	True	False	False	False	False	False
1	False	False	True	False	False	False	False	False
2	False	False	True	False	False	False	False	False
3	False	False	True	False	False	False	False	False
4	False	False	True	False	False	False	False	False
...	...	...	...	...	...	...	...	...
2906322	False	False	False	False	False	False	False	False
2906323	False	False	False	False	False	False	False	False
2906324	False	False	False	False	False	False	False	False
2906325	False	False	False	False	False	False	False	False
2906326	False	False	False	False	False	False	False	False

图 5-2　isnull()运行结果

isnull()运行结果中的 True 即表示对应的单元值为 NaN，例如图 5-2 所示的虚线框中的数据。如果需要得到特定列、行的 NaN 统计信息，可以利用 value_counts()进行统计。另外，Pandas 中的 isnull()和 isna()的功能相同，均用来检测 DataFrame 中的 NaN。

如果数据集较大，则【例 5-1】中的方法会生成一个庞大的 True/False 矩阵，不适合快速查看存在 NaN 的列，此时需要利用 any()进行统计查看。any()适用于 DataFrame 和 Series，用来检测一个序列中是否存在 True 或者与 True 等价的值（如非 0、非空值），其默认检查列数据。

【例 5-2】快速检查各列中是否存在 NaN。

```
data.isnull().any()
```

如果想要统计某一列中 NaN 的数量，则需要利用 value_counts()。

【例 5-3】统计"State"列中 NaN 的数量。

```
data.isnull()['State'].value_counts()
```

图 5-3 所示为【例 5-3】的运行结果，显示"State"列中存在 1450990 个 NaN。当发现数据中存在 NaN，对其进行处理之前需要观察数据特性，从而判断是否需要对 NaN 进行处

理。value_counts()只能被应用于 Series 数据，作为练习，请读者自行思考如何查看所有列的 NaN 数据。

```
data.isnull()['State'].value_counts()

False    1455337
True     1450990
Name: State, dtype: int64
```

图 5-3 isnull()结合 value_counts()示例

【例 5-4】查看"State"列中值为 NaN 的记录。

```
data[data['State'].isnull()]
```

注意将【例 5-4】与【例 5-1】进行对比，【例 5-4】只显示"State"列中值为 NaN 的数据。对 NaN 的处理方法有多种，主要包括填充缺失值、删除缺失值。NaN 处理方法的采用取决于数据分析工作者对数据的理解以及项目的具体要求。以本项目所用的 city_temperature.csv 为例，"State"列记录了美国城市所属的州信息，其他国家的城市则省略了州信息。因此，"State"列存在的 NaN 不影响后续的分析环节，应予以保留；如果删除"State"列的 NaN，则可能需要删除除 US 之外的所有国家的数据，这会对数据本身产生较大的影响。较为简单的处理 NaN 的方法为将其统一填充为某一特定值，如【例 5-5】所示。

【例 5-5】将"State"列的 NaN 填充为"不适用"。

```
data['State'].fillna('不适用', inplace=True)
```

如果数据集中的 NaN 不适合进行简单的数据填充，可以采取更复杂的填充方式，如基于公式的填充法（平均值、最大值、最小值、前一个正常数据值、后一个正常数据值等，5.3.3 小节将会涉及相关内容）。除此之外，还可以使用 dropna()删除 NaN 对应的行或者列，鉴于 dropna()的使用较为简单，这里不详细介绍。

5.3.2 检测异常值

异常值指不合理的值，又称离群点，被定义为与正常值显著不同的数据。异常值检测和处理是机器学习中非常重要的一个环节，因为机器学习算法对数据的取值范围以及数据的分布非常敏感。异常值的存在将显著地影响数据分布，如数据平均值、数据分布范围和数据之间的相关性等，因此它会干扰机器学习算法的学习过程，导致训练时间的加长和模型精准度的降低。

一个数据值的异常与否必须结合特定的项目背景和实际情况进行判断，不能依据离群程度进行简单判定。例如，2017—2018 赛季，对美国篮球运动员进行调查发现，其平均身高为 200.4cm；2017 年，某组织调查了 50 家欧洲足球俱乐部的后备队员，发现其平均身高为 182.1cm，其中最高为 186.2cm。因此，篮球运动员中存在身高为 220cm 的球员的可能性很大，但是足球运动员中出现 220cm 的球员的概率较低。数据分析中需要找出的异常值是指由人为或随机因素的影响导致的"失实"数据，如一名身高为 220cm 的足球运动员；但是数据分析又必须具有足够的弹性，能正确识别正常数据中的极端值，如一名身高为 220cm 的篮球运动员。

　　介绍异常值处理技巧之前，思考以下问题：如果一个数据序列中存在异常值，相对于正常值，这些异常值最有可能出现的位置在哪里？一般情况下，异常值应该会显著低于或者高于正常值。因此，将数列从小到大排列，如存在异常数据，它必位于其序列的两端。这即是箱形图（Box-plot）的原理：找出位于排序后数列中前后两端的数据，并按照一定的规则判断这些数据是否属于异常值。

　　【例 5-6】 绘制 2019 年 1 月广州市的日均气温的箱形图。

```
data.query('City=="Guangzhou" and Year==2019 and Month==1').boxplot
('AvgTemperature')
```

　　图 5-4 所示为对应的箱形图。最下面的圆圈即为箱形图判断为异常值的数据。通过查询 2019 年 1 月广州市的气温数据，发现 2019 年 1 月 23 日广州市的日均气温为-72℃，明显低于正常气温值，属于异常值的可能性较大。

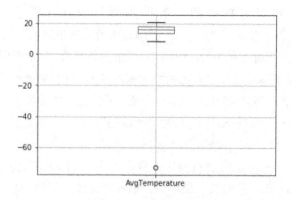

图 5-4　2019 年 1 月广州市的日均气温箱形图

　　图 5-5 所示为箱形图各部分的含义。不同的系统对箱形图的计算和显示方式有些细节上的区别，其主要原理如下所述（假设数据已经按照升序排列）。

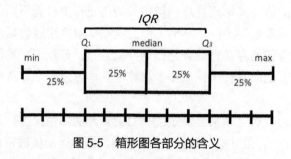

图 5-5　箱形图各部分的含义

- 中位数（Median）：又称为 Q2 分位数，指位于数列中间位置的数据（注意，不是数据平均值）。箱形图认为排序后位于中间的值是正常值的中心，因此将其设置为中位数。

- Q_1（Q_3）：又称为第一（三）分位数或下（上）四分位数，指位于数列中 $\frac{1}{4}$（$\frac{3}{4}$）位置处的数据。如果认为中位数是所有正常值的中心，距离中位数多远的值会被认定为异常值？不同项目有不同的偏离标准，以年均气温最低值和最高值为例，高纬度（靠近北极或者南极）城市的数据可能为-30℃～35℃，而低纬度（靠近赤道）城市的数据可能为 25℃～40℃。因此，-35℃对于北方城市属于正常的低值，但是对于热带城市则属于异常值。上述例子表明：即使是同一个项目，其不同部分的正常值与异常值之间的距离差异性也可能不一致，但是可以合理地假设大部分的正常值会"聚集"在一起，而异常值会远离正常值范围。基于以上观察，箱形图忽略值之间的差值大小，采用值之间相对位置作为判断标准，其具体的划分逻辑为：以中位数为中心点，前后各 $\frac{1}{4}$ 之内的数据属于正常偏离范围。

这也是 Q_1 和 Q_3 名字的由来，分别代表数列中 $\frac{1}{4}$ 和 $\frac{3}{4}$ 的位置。

● Max 和 Min：又称为最大值和最小值，指可能的最大正常值和最小正常值。考虑到现实世界的波动性，如极端气候的发生，需要将正常值范围进行一定的扩展，从而容纳可能产生的极端值（非异常值）。根据箱形图的基本假设，大部分的正常值应该属于$[Q_1，Q_3]$区间，如果将$[Q_1，Q_3]$进行扩大，则将容纳可能的极端值。扩大的幅度不能太大或太小，以避免异常值的错误认定。基于此假设定义四分位间距（Inter-Quartile Range，IQR），其计算公式为$IQR=Q_3-Q_1$。获得 IQR 之后，将 IQR 扩大 1.5 倍，计算极大值 $Max=Q_3+1.5 \times IQR$ 和极小值 $Min=Q_1-1.5 \times IQR$。

● 异常值：不属于[Max，Min]区间的值。

【例 5-7】绘制数列[10，20，30，40，100，150，200]对应的箱形图。

代码和结果如图 5-6 所示，其计算过程如下所述。

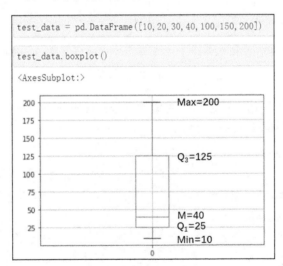

图 5-6　箱形图实例

（1）获取 Median 值：序列中有 7 个值，因此 Median 值的下标为 6/2=3（下标从 0 开始算起，7 个数的最大下标为 6），即 Median=test_data[3]=40。

（2）计算 Q_3 和 Q_1：图 5-6 所示的数列的中位数为 40，则 40 周边的数据应该都是正常值，如 30 和 100。尽管 100 和 40 之间的差值（等于 60）大于 30 与 40 之间的差值（等于10），但是因为两者位置皆靠近中位数 40，所以均被认为是正常值。第一分位数的位置为

6/4=1.5，即 Q_1 位于 test_data[1] 和 test_data[2] 之间，因此 Q_1=(test_data[1]+test_data[1])/2=25。同理，Q_3 的位置为 $3 \times Q_1$=4.5，因此 Q_3=(test_data[4]+test_data[5])/2=125。

（3）计算 Max 和 Min：IQR=125-25=100，Max=125+100×1.5=275，Min=25-100×1.5=-125，因此所有大于 275 或小于-125 的值将被视为异常值。

如果读者将上述的计算结果和图 5-6 中的运行结果进行对比，会发现 Max 和 Min 的值有差异。这是由于 Python 中的箱形图只绘制数列中已有数据，而 275 在原始数据里面不存在，数列中最大值为 200，因此绘制箱形图时设置 Max=200。同理，Python 将箱形图中的 Min 设置为 10。图 5-7 所示为两个不同数据序列对应的箱形图，图 5-7（a）所示的最大值 275 和计算得到的 Max 相等；而图 5-7（b）所示的最大值 276>Max=275，因此被认为是异常值。请读者自行修改数据验证 Min 值。

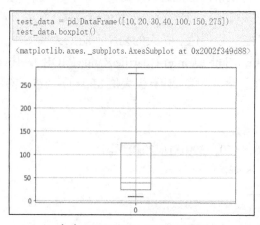　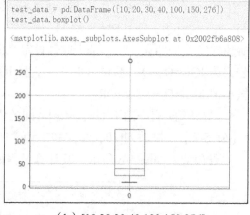

（a）[10,20,30,40,100,150,275]　　　　　　（b）[10,20,30,40,100,150,276]

图 5-7　不同数据的箱形图实例

最后，Pandas 提供了访问箱形图中对象的方法，代码如下所示。

```
test_data = pd.DataFrame([10,20,30,40,100,150,276])
bp = test_data.boxplot(return_type='dict')
                              #return_type=dict：返回箱形图中的对象
for median in bp['medians']:           #获取中位数的值
print(median.get_ydata())
for box in bp['boxes']:                #这是哪个对象？
print(box.get_ydata())
for whisker in bp['whiskers']:         #这是哪个对象？
print(whisker.get_ydata())
for flier in bp['fliers']:             #这是哪个对象？
print(flier.get_ydata())
```

5.3.3　处理异常值

对于被识别的异常值，处理方式主要包括删除法、填充法两种。如果异常值的数目较少，或者异常值的删除对数据分布的影响较小，则删除异常值是一个较好的选择；如果异常值数目较多，或者异常值主要是由读数错误、输入错误产生的，则更适合采用填充的方式。填充的方式包括平均值填充、中位值填充、最大值填充、最小值填充、0 填充、随机选择、前向填充、后向填充等。本小节以法国巴黎市（Paris）的数据为例，分别介绍删除法和填充法在异常值处理中的应用。

为了方便后续的异常值处理，需要先将异常值设置为 NaN。这里假设所有日均气温低于−70℃的数值均为异常值。

```
data.loc[data['AvgTemperature']<-70,'AvgTemperature'] = np.nan
```

接下来，参考【例 4-5】、【例 4-7】以及 4.4.2 小节中的索引处理技巧，添加一个类型为 DateTime 的"日期"列，将"City"和"日期"设置为两级索引，实现图 4-7 所示的效果。按照上述两个步骤对数据进行处理之后，运行以下代码，统计并显示巴黎市的异常气温数据情况。

```
data[data['AvgTemperature'].isnull()].loc['Paris'].groupby(by=['Year',
'Month'])['Day'].count()
```

图 5-8 所示为按年（2016—2019）和月统计的巴黎市的部分异常数据。从图 5-8 中的数据可以得知，2016 年出现的异常数据较为分散（3 月、5 月、8 月、9 月、11 月各出现一条），而 2018 年的 7 月、8 月集中出现了较多的异常数据。对于异常数据较少的月份，删除其中的异常数据对当月数据的影响几乎可以忽略不计，因此可以采取删除法。2018 年的 7 月和 8 月存在较多的异常数据，其占当月全部记录的比重分别达到了 29%和 26%，如果这些异常数据全部被删除，会对当前月份的数据造成较大的影响，因此需要依据实际情况进行数据的填充。

2016	3	1
	5	1
	8	1
	9	1
	11	1
2018	1	1
	7	9
	8	8
	11	2
2019	4	1
	5	5

图 5-8　巴黎市的异常气温数据统计（部分年份）

【例 5-8】删除巴黎市 2016 年 3 月的异常气温记录。

处理巴黎市 2016 年 3 月的异常气温记录之前，需要定位异常记录的位置。

```
data.loc[('Paris','2016/3'),]
```

上述代码的运行结果显示 2016 年 3 月 10 日的气温数据为 NaN。注意，因为 data 具有两级索引，所以先通过 data.loc[('Paris','2016/3/10'),].index 获取异常数据的索引标签（即行标签），再通过设置 axis=0 指定 drop()删除索引标签对应的行数据。

```
data.drop(data.loc[('Paris','2016/3/10'),].index, axis=0, inplace=True)
```

【例 5-9】删除巴黎市 2016 年 5 月的异常气温记录。

```
data.drop(data.loc[('Paris','2016/5'),].isnull().index, axis=0, inplace=True)
```

注意【例 5-9】与【例 5-8】之间的代码区别。作为一个探索话题，请读者自行思考：能否使用 dropna()来解决【例 5-8】与【例 5-9】中的问题？如果可以的话，如何编写代码实现？

【例 5-10】对 2019 年 5 月巴黎市的异常气温记录进行填充。

检查巴黎市 2019 年 5 月的气温记录，发现其异常记录日期分别为 16 日、17 日、18 日、21 日和 22 日。因为 5 月 20 日和 5 月 23 日的气温数据正常，所以可以利用 Pandas 提供的 fillna()，分别使用 20 日和 23 日的气温数据填充 21 日和 22 日的数据，称为向前填充和向后填充。【例 5-10】只对原始数据中的一部分记录进行 NaN 填充，直接使用 fillna()会出现图 5-9 所示的警告信息，因为 Pandas 无法判断 fillna()是修改原始数据还是原始数据的备份。

```
data.loc[('Paris','2019/5'),'AvgTemperature'].fillna(method='ffill', limit=1, inplace=True)

C:\Anaconda3\lib\site-packages\pandas\core\series.py:4523: SettingWithCopyWarning:
A value is trying to be set on a copy of a slice from a DataFrame

See the caveats in the documentation: https://pandas.pydata.org/pandas-docs/stable/user_guide
opy
  downcast=downcast,
```

图 5-9　警告信息

解决方法如图 5-10 所示。

```
1. 将巴黎市2019年5月的数据单独分离出来，并用变量paris_2019_5保存

paris_2019_5 = data.loc[('Paris','2019/5'),].copy()

2. 从原始数据集中删除巴黎市2019年5月的数据

data.drop( data.loc[('Paris','2019/5'),].index, axis = 0, inplace=True)

3. 对paris_2019_5中的NaN数据进行向前填充

paris_2019_5.fillna(method='ffill', limit=1, inplace=True)

4.将paris_2019_5和data合并，并保证整个数据集有序

data = data.append(paris_2019_5)
data.sort_index(level=0, inplace=True)
```

图 5-10　对巴黎市 2019 年 5 月的 NaN 数据进行向前填充

图 5-10 中调用 fillna()时设置 limit=1，限定只向前填充一个 NaN 数据。例如，2019 年 5 月 15 日的数据被填充为 2019 年 5 月 16 日的数据，而 2019 年 5 月 17 日和 2019 年 5 月

18 日的数据不会被填充。同理，2019 年 5 月 22 日的 NaN 也不会被填充，如图 5-11 所示。如果省略 limit 参数，则默认所有 NaN 都被向前填充。

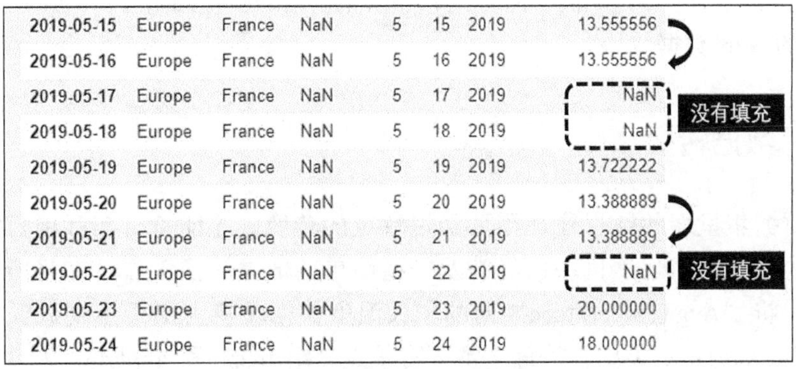

2019-05-15	Europe	France	NaN	5	15	2019	13.555556	
2019-05-16	Europe	France	NaN	5	16	2019	13.555556	
2019-05-17	Europe	France	NaN	5	17	2019	NaN	没有填充
2019-05-18	Europe	France	NaN	5	18	2019	NaN	
2019-05-19	Europe	France	NaN	5	19	2019	13.722222	
2019-05-20	Europe	France	NaN	5	20	2019	13.388889	
2019-05-21	Europe	France	NaN	5	21	2019	13.388889	
2019-05-22	Europe	France	NaN	5	22	2019	NaN	没有填充
2019-05-23	Europe	France	NaN	5	23	2019	20.000000	
2019-05-24	Europe	France	NaN	5	24	2019	18.000000	

图 5-11　对巴黎市 2019 年 5 月的 NaN 进行向前填充

除了向前和向后填充外，还可以使用平均值进行填充，如用巴黎市 2019 年 5 月的平均气温填充剩下的 NaN。运行效果如图 5-12 所示。

```
paris_2019_5.fillna(paris_2019_5['AvgTemperature'].mean(), inplace=True)
```

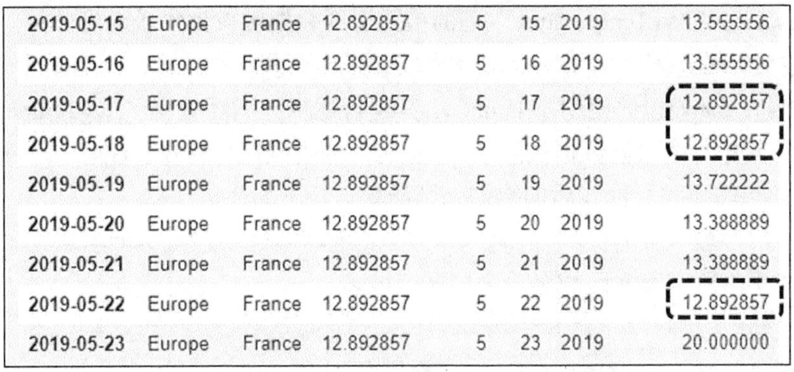

2019-05-15	Europe	France	12.892857	5	15	2019	13.555556
2019-05-16	Europe	France	12.892857	5	16	2019	13.555556
2019-05-17	Europe	France	12.892857	5	17	2019	12.892857
2019-05-18	Europe	France	12.892857	5	18	2019	12.892857
2019-05-19	Europe	France	12.892857	5	19	2019	13.722222
2019-05-20	Europe	France	12.892857	5	20	2019	13.388889
2019-05-21	Europe	France	12.892857	5	21	2019	13.388889
2019-05-22	Europe	France	12.892857	5	22	2019	12.892857
2019-05-23	Europe	France	12.892857	5	23	2019	20.000000

图 5-12　对巴黎市 2019 年 5 月的 NaN 进行平均值填充

5.3.4　练习

【练习 5-1】查看 city_temperature.csv 中所有列的 NaN 统计情况。

【练习 5-2】图 5-7（b）的 Max 值是多少？为什么不是 275？

【练习 5-3】绘制[10,20,30,100,110,120,130,140]对应的箱形图，并自行计算各值。与绘制结果进行对比，你能发现什么问题？

【练习 5-4】修改上题数据，使得箱形图中上方出现两个异常值，下方出现一个异常值。

【练习 5-5】绘制 city_temperature.csv 里面“Year”列数据对应的箱形图，有没有异常值？异常值的产生原因可能是什么？

【练习 5-6】统计 1995—2019 年每年 7 月巴黎市的气温平均值，并绘制对应的箱形图。

【练习 5-7】将小于−70℃的 AvgTemperature 数据改为 NaN。

【练习 5-8】删除巴黎市 1995 年的所有 AvgTemperature 为 NaN 的记录。

【练习 5-9】删除巴黎市 2008 年的所有 AvgTemperature 为 NaN 的记录（用一条代码实现）。

【练习 5-10】分别使用向前、向后、平均值填充方式处理巴黎市 2018 年 7 月的 AvgTemperature 中的 NaN 数据。

5.4 数据转换

原始数据集里面的数据往往需要经过特定的转换，才能符合实际项目需求和方便后续工作的开展。前述项目中已经涉及一些简单的数据转换工作，如将所有列名修改为中文名，将 "AvgTemperature" 列的华氏温度数据转换为摄氏温度数据，将日期字符串转换为 DateTime 类型，等等。本节将重点介绍 map() 和 apply()，实现复杂的数据转换操作。

5.4.1 实现数据替换

map() 是 Python 提供的一个内置方法，用于对 Series 数据（即一列或者一行数据）进行转换。

【例 5-11】将 "AvgTemperature" 列的摄氏温度数据转换为华氏温度数据。

```
data['AvgTemperature'].map(lambda x: x*1.8+32)
```

上述代码在 map() 里面使用了 lambda，其运行逻辑为循环处理 "AvgTemperature" 列的所有数据，将其中每个气温数据按照 "x*1.8+32" 的规则进行转换。注意 map() 没有 inplace 参数，因此如果需要写回修改后的数据，则需要运行下面代码。

```
data['AvgTemperature'] = data['AvgTemperature'].map(lambda x:x*1.8+32)
```

【例 5-12】将所有英文区域名改为中文区域名。

```
data.reset_index(inplace=True)

data['Region'].unique()      #获取所有区域

region_chinese = {'Africa':'非洲','Asia':'亚洲','Australia/South PacEific':
'澳洲/南太平洋','Europe':'欧洲','Middle East':'中东','North America':'北美洲','South/
Central America & Carribean':'南美洲'}

data['Region'].map(region_chinese)
```

这个例子的核心是 region_chinese 字典，将英文区域名映射到对应的中文区域名，最后使用 map() 对 "Region" 列的所有数据进行转换。

【例 5-13】将所有法国城市的英文名改为中文名。

```
data.query('Country=="France"')['City'].unique()

france_city_chinese = {'Paris':'巴黎','Bordeaux':'波尔多'}

data['City'].map(france_city_chinese)
```

运行上面代码，其中有什么问题？这个例子和修改英文区域名的例子有什么区别？代码需要进行怎样的修改，才能正确地将所有法国城市的英文名改为中文名？

【例 5-14】使用 replace()将所有法国城市的英文名改为中文名。

```
france_city_chinese = {'Paris':'巴黎','Bordeaux':'波尔多'}
data['City'].replace(france_city_chinese, inplace=True)
```

replace()对不在替换列表里面的数据不进行转换，因此只将两个城市的英文名转换为对应的中文名，而保留了其他城市的英文名。注意，replace()具有 inplace 参数。【例 5-14】的另外一种 replace()实现方法如下面代码所示。

```
data['City'].replace(['Paris','Bordeaux'],['巴黎','波尔多'], inplace=True)
```

5.4.2 实现离散化

假设现在需要对气温数据按照标准进行分组：极寒（低于-40℃）、酷寒（-39.9~-20℃）、深寒（-19.9~-10℃）、轻寒（-9.9~0℃）、凉（0~15℃）、温（15.1~20℃）、热（20.1~30℃）、酷热（30.1~40℃）、极热（高于 40℃）。这种将连续数据按照规则进行分离的操作称为离散化，可以利用 cut()来实现。

【例 5-15】将"AvgTemperature"列的数据按照上述气温标准进行离散化。

```
bins = [-1000,-40,-20,-10,0,15,20,30,40,1000]
labels = ['极寒','酷寒','深寒','轻寒','凉','温','热','酷热','极热']
pd.cut(data['AvgTemperature'], bins, labels = labels)
```

bins 变量定义分组区间如下：(-1000，-40]、(-40,-20]、(-20,-10]、(-10,0]、(0,15]、(15,20]、(20,30]、(30,40]、(40,1000]。需要注意分组区间为左开右闭区间，如(-10,0]不包含 -10，但是包含 0。为了避免分组的时候遗漏数据，一般会添加两个极值，如-1000 和 1000，从而保证所有气温数据都能被分进组。labels 变量为每个区间指定名字，如(-1000,-40]的名字为"极寒"，(-40,-20]的名字为"酷寒"，依此类推。

5.4.3 实现重取样

对于基于时间的统计查询，如按月查询广州市 2019 年的平均气温、按星期查询沈阳市 2018 年的最高气温，除了利用 Pandas 提供的分组统计工具，还可以利用 resample()来实现。resample()只适用于时间序列，因此需要将"Year""Month""日"列中的数据合并为"Date"列，再将"Date"列数据由 Object 类型转换为 Datetime 类型，最后设置"Date"列为索引，如图 5-13 所示。

data.head()							
Date	Region	Country	State	City	Month	Day	Year	AvgTemperature
1995-01-01	Africa	Algeria	NaN	Algiers	1	1	1995	17.888889
1995-01-02	Africa	Algeria	NaN	Algiers	1	2	1995	9.666667
1995-01-03	Africa	Algeria	NaN	Algiers	1	3	1995	9.333333
1995-01-04	Africa	Algeria	NaN	Algiers	1	4	1995	8.000000
1995-01-05	Africa	Algeria	NaN	Algiers	1	5	1995	8.833333

图 5-13 具有日期索引的数据集

【例 5-16】按月查询广州市 2019 年的平均气温。

```
data.query('City=="广州" and Year==2019')['AvgTemperature'].resample('M').
mean()
```

【例 5-17】按星期查询沈阳市 2018 年的最高气温。

```
data.query('City=="沈阳" and Year==2018')['AvgTemperature'].resample('W').
max()
```

常见的聚合模式如表 5-1 所示。

表 5-1　常见的聚合模式

值	描述	值	描述	值	描述
D	按天	H	按小时	B	按工作日
W	按星期	T	按分钟	Q	按季度
M	按月末	S	按秒	MS	按月初
A	按年末	L	按毫秒	AS	按年初

5.4.4　练习

【练习 5-11】将 "Month" 列数据由数字月份改为英文缩写月份：Jan、Feb、Mar、Apr、May、Jun、Jul、Aug、Sept、Oct、Nov、Dec。

【练习 5-12】将区域为 "North America" 的国家的英文名改为中文名，要求使用 map() 实现。

【练习 5-13】将 "Singapore" 改为 "新加坡"，要求使用 replace() 实现。

【练习 5-14】按季度统计中东地区的气温平均值。

【练习 5-15】按年统计全球的气温平均值。

【练习 5-16】按年统计 1995—2019 年 7 月 London 的气温平均值。

【练习 5-17】按星期统计 2020 年 1 月、2 月、3 月、4 月 Tokyo 的气温平均值。

5.5　数据可视化

项目四和本项目利用 Pandas 提供的数据处理、数据查询、数据清洗等工具，对城市日均气温数据集进行了必要的整理，并初步得到了一些可供参考的信息，如跟踪特定城市在记录期间的月均气温、年均气温变化数据。数据分析不仅注重获得分析后的信息，同时需要将这些信息用通俗易懂的方式进行呈现，即数据可视化。数据可视化的目的在于用直观简洁、美观大方的形式展现数据趋势，帮助用户在最短时间内理解数据蕴含的信息。因此，本节将对可视化进行进一步深入的讨论和实践，利用 Matplotlib 提供的丰富工具绘制满足实际需求的图表。

5.5.1　绘制折线图

作为一种常见的可视化展示方式，折线图用来显示随时间而变化的连续数据，其表现形式为利用折线的起伏表示数据的增减变化情况。

【例 5-18】绘制 2000—2019 年 8 月的广州市的月均气温变化的折线图。

```
import matplotlib.pyplot as plt
fig_data=data.query('City=="广州" and Year<=2019 and \
                        Year >=2000 and Month==8').groupby(by='Year').mean()
plt.figure()
x = np.array(fig_data.index)
y = np.array(fig_data['AvgTemperature'])
plt.plot(x, y)
plt.show()
```

【例 5-18】中的代码展示了绘制图表的基本过程：获取数据、创建画布、设置绘图的数据、绘制图表。将绘图所需的数据存储为 fig_data，并分别设置 x 和 y 参数为年份和 8 月的平均气温，最后调用 plot() 和 show() 绘制和显示折线图。代码运行结果如图 5-14 所示，其中 x 轴代表年份，y 轴代表温度（℃）。

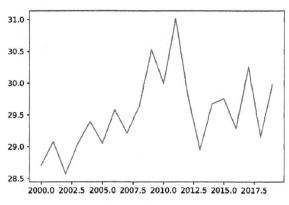

图 5-14　折线图实例

图 5-14 中有几个需要改进的问题：默认图片尺寸太小、没有对应的标签信息（图的标题、坐标轴的名称、图例信息等）、x 轴刻度问题、中文显示不正确等。以下示例将一一解决上述问题。

【例 5-19】设置 Matplotlib 的中文字体，避免中文显示乱码。

```
plt.rcParams['font.sans-serif'] = ['SimHei']    # 正确显示中文
plt.rcParams['axes.unicode_minus'] = False      # 正确显示坐标轴中负数的负号
```

【例 5-20】对【例 5-18】进行定制化。

```
fig_data = data.query('City=="广州" and Year<=2019 and Year >=2000 and
Month==8').\
groupby(by='Year').mean()
plt.figure(figsize=(10,6))
x = np.array(fig_data.index)
```

```
y = np.array(fig_data['AvgTemperature'])
plt.plot(x, y, color= 'red', label='广州市 8 月平均气温')
                          #利用 label 参数对绘图数据进行命名
plt.title('2000-2019 年广州市 8 月的月均气温变化')        #设置图标题
plt.xlabel('年份')                                      #设置 x 轴标题
plt.ylabel('月均气温（℃）')                              #设置 y 轴标题
plt.xticks(x)                                          #设置 x 轴刻度显示
plt.legend()                                           #自动显示图例
plt.show()
```

代码运行结果如图 5-15 所示。

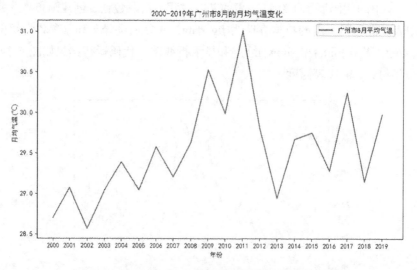

图 5-15　折线图定制化实例

注意：如果调用 plt.legend()显示图例，则 plot.plot()中的 label 参数不能省略。图 5-15 所示的广州市 8 月平均气温呈现逐步升高的趋势，但是特定年份有波动。为了突出显示图中的极值，需要使用 annotate()方法对图表进行数据标注。在标注之前，确定极值出现的年份和数值，即 2002 年和 2011 年。通过查询得知，这两年的 8 月平均气温分别为 28.56℃和 31.01℃。

【例 5-21】标注图 5-15 的极值点。

```
#在【例 5-20】代码的基础上添加以下代码
plt.legend()
plt.annotate('2002:28.56',xy=(2002,28.56),xytext=(2005,28.6),arrowprops
=dict(facecolor='black'))
    plt.annotate('2011:31.0',xy=(2011,31.01),xytext=(2013,30.8),arrowprops=
dict(facecolor='black'))
    plt.show()
```

代码运行结果如图 5-16 所示。

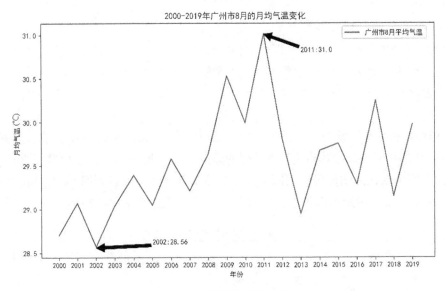

图 5-16　折线图标注实例

以第一条 annotate()方法调用为例，各个参数的解释如下。

- '2002:28.56'：显示的字符串。
- xy=(2002,28.56)：箭头的坐标。
- xytext=(2005,28.6)：字符串的坐标。
- arrowprops=dict(facecolor='black')：指定连接字符串（坐标：xytext）与箭头（坐标：xy）的连接线属性。如果没有设定 arrowprops，则不显示连接线。

如果需要在一幅图中绘制多个数据系列，在 x 轴相同的情况下，只需要添加多个 y 数据即可。利雅得市（英文名字：Riyadh）与广州市所处纬度相近，如将两者数据绘制于同一幅图中，则便于对比这两个纬度相近的城市之间的气温差异。

【例 5-22】绘制和对比 2000—2019 年利雅得市与广州市 8 月的平均气温值。

```
fig_data = data.query('City=="广州" and Year<=2019 and Year >=2000 and
Month==8').\
groupby(by='Year').mean()
plt.figure(figsize=(10,6))
x = np.array(fig_data.index)
y = np.array(fig_data['AvgTemperature'])
plt.plot(x, y, color="red", label='广州市 8 月平均气温',marker='o')
plt.title('2000-2019 年广州市 8 月的月均气温变化')
plt.xlabel('年份')
plt.ylabel('月均气温（℃）')
plt.xticks(x)
```

```
fig_data2 = data.query('City=="Riyadh" and Year<=2019 and Year >=2000 and
Month==8').\
    groupby(by='Year').mean()
    y2=np.array(fig_data2['AvgTemperature'])
    plt.plot(x, y2,  label='利雅得市8月平均气温',marker='D')
    plt.legend(loc='lower right')
    plt.show()
```

上述代码中需要注意的4个地方：（1）因为 x 轴相同，所以不需要重新设置 x 轴；（2）plt.plot()使用 marker 参数指定数据系列的标记；（3）plt.legend()需要放置到所有 plt.plot()之后；（4）因为默认的图例位置与图中元素的显示有冲突，所以调用 plt.legend()时指定参数 loc='lower right'，设定图例位置为"右下角"。绘制效果如图 5-17 所示。

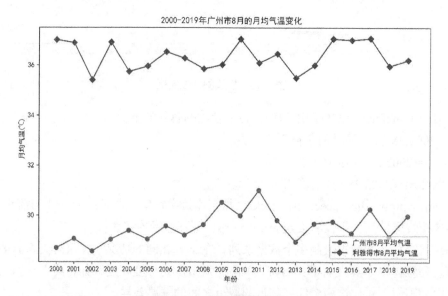

图 5-17　多数据系列示例

5.5.2　绘制饼图

折线图适合展示随时间变化的数据。如果需要强调各项数据占总体的比例，突显个体和整体的对比情况，则适合使用饼图。

【例 5-23】以 5.4.2 小节中的离散化实例为例，对所有气温数据按照标准进行分组，并绘制饼图显示各个分组所占比例。

```
bins = [-1000,-40,-20,-10,0,15,20,30,40,1000]
labels = ['极寒','酷寒','深寒','轻寒','凉','温','热','酷热','极热']
data['气温分组'] = pd.cut(data['AvgTemperature'], bins, labels = labels)
fig_data = data['气温分组'].value_counts()
explode = [0.015 for x in fig_data]
explode[0] = 0.04
```

```
explode[1] = 0.04
plt.figure(figsize=(8,8))
plt.pie(fig_data, labels=fig_data.index, explode=explode,\
autopct='%1.1f%%', textprops={'fontsize':15})
plt.show()
```

绘制饼图之前，设定 explode 参数值，指定饼块远离圆心的距离。explode=[0.015 for x in fig_data]利用列表表达式，生成一个数值全为 0.015 的列表，其长度等于 fig_data 的元素个数。value_counts()方法对统计后的数据按照降序进行自动排列，将出现次数最多的分组数据存储在 fig_data[0]中，出现次数第二多的存储在 fig_data[1]中。接下来，为了突出占比最高的两个分组，增大 explode[0]和 explode[1]。最后，plt.pie()自动计算个体所占比例及显示对应的饼图，其使用参数解释如下。

- fig_data：绘制饼图的数据序列（饼图只需要一个数据序列）。
- labels=fig_data.index：为每个饼块指定对应的气温分组标签，如"温""热""凉"等。
- explode = explode：指定每个饼块远离圆心的距离，单位为圆半径比例。
- autopct='%1.1f%%'：在饼块里面显示对应的占比，显示格式为带一位小数的浮点数。
- textprops={'fontsize':15}：指定文本的字体大小为 15（单位为 pixel）。

上述参数除了第一个 fig_data 参数外，其余均可以省略。建议读者自行修改代码，验证上述参数的效果。

图 5-18 展示了【例 5-23】中代码所绘制的饼图，需要注意的是，由于数据集中没有温度数据属于"极寒"和"极热"分组，因为图中没有显示"极寒"和"极热"的分组信息。另外，图 5-18 所示的饼图存在数据显示重叠问题，一个解决方法为将占比过小的分组合并为一个分组。作为练习，请读者自行修改代码，实现图 5-19 所示的效果。

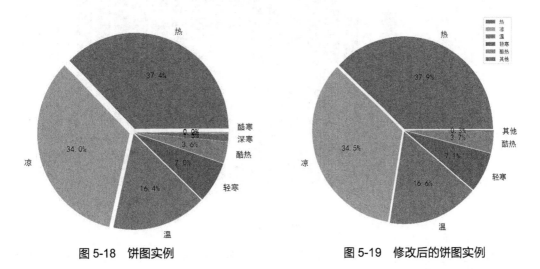

图 5-18 饼图实例　　　　　　图 5-19 修改后的饼图实例

5.5.3 绘制柱状图

柱状图是数据分析中常用的图表，利用柱体的高度展示数据的差异。柱状图是最灵活的图

89

表之一，在基本柱状图的基础上，衍生出了水平柱状图、簇状柱状图、堆积柱状图等。但是受限于表达形式，如果数据过多，柱状图的美观性、易读性会受到较大的影响，因此柱状图只适合展示小规模的数据集。柱状图的 x 轴通常为时间序列，方便展现随时间变化的数据差异。

【例 5-24】统计和绘制 2000—2019 年广州市每年日均气温超过 30℃的天数，结果如图 5-20 所示。

```python
fig_data = data.query('City=="广州" and Year>=2000 and Year <=2019\
                      and AvgTemperature>=30').groupby('Year'). agg
({'AvgTemperature':'count'})
plt.figure(figsize=(10,8))
plt.title("2000-2019年日均气温超过30℃天数")
plt.xlabel('年份')
plt.ylabel('高温天数')
plt.bar(x=fig_data.index, height= fig_data['AvgTemperature'], label='广州市')
plt.legend()
```

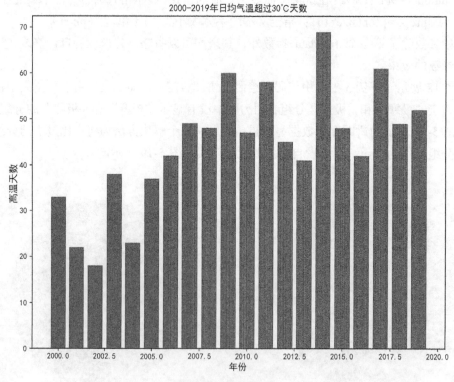

图 5-20　柱状图实例

从图 5-20 可以看出，广州市每年高温天数（日均气温高于 30℃）在 2004 年之后显著增加，2014 年达到最高值；虽然在 2015—2016 年有一定的下降，但 2016—2019 年恢复逐年增长的态势。

和 plt.plot()方法相比，plt.bar()方法没有 y 参数，而是通过 height 参数指定每个柱体的高度。观察图 5-20 展示的柱状图效果，发现存在如下问题：x 轴刻度值不合适，解决方法为调用 plt.xticks()方法，手动指定 x 轴的刻度值；x 轴两端留白是 Matplotlib 2.0 后引入的新特性，可以通过 plt.margins()设置宽度，以实现更好的视觉效果；柱体的宽度过大，影响整体美观度，设置 width=0.4，即每个柱体占据两个相邻 x 轴刻度值之间的 40%空间。

【例 5-25】基于【例 5-24】，修正图 5-20 中的问题。

```
fig_data = data.query('City=="广州" and Year>=2000 and Year <=2019 and
AvgTemperature>=30').groupby('Year').agg({'AvgTemperature':'count'})
plt.figure(figsize=(8,6))
plt.title("2000-2019年日均气温超过30℃天数")
plt.xlabel('年份')
plt.ylabel('高温天数')
plt.xticks([y for y in fig_data.index if y%2!=0])
plt.margins(x=0.02)
plt.bar(x=fig_data.index, height= fig_data['AvgTemperature'], label='广
州市',width=0.4)
plt.legend()
```

代码运行结果如图 5-21 所示。

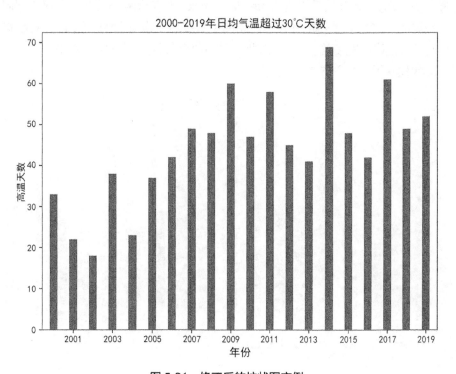

图 5-21　修正后的柱状图实例

如果需要同时统计高温天数（日均气温大于 30℃）和低温天数（日均气温小于 15℃），则适合采用簇状柱状图。

Python 数据分析（项目式）

【例 5-26】统计和绘制 2000—2019 年广州市高温天数和低温天数。

```
fig_data = data.query('City=="广州" and Year>=2000 and Year <=2019
and AvgTemperature>30').groupby('Year').agg({'AvgTemperature':'count'})
fig_data_low = data.query('City=="广州" and Year>=2000 and Year <=2019
and AvgTemperature<15').groupby('Year').agg({'AvgTemperature':'count'})
plt.figure(figsize=(12,6))
plt.title("2000-2019年广州市高温天数和低温天数统计")
plt.xlabel('年份')
plt.ylabel('天数')
plt.xticks(fig_data.index)
plt.margins(x=0)
plt.bar(x=fig_data.index-0.15, height= fig_data['AvgTemperature'], label=
'高温日数', width=0.3)
plt.bar(x=fig_data.index+0.15,  height=  fig_data_low['AvgTemperature'],
label= '低温日数', width=0.3)
plt.legend()
```

绘制簇状柱状图的要点在于plt.bar()方法中x参数的设置，如上面代码的阴影部分所示。如果将两个 plt.bar()的 x 参数都设置为 fig_data.index，则表示两个数据序列使用相同的 x 坐标，这会导致两个柱状图序列重叠显示。将两个数据序列沿 x 轴分别进行左右平移，可以解决上述问题。柱体的宽度均为 0.3，因此只需将两个数据序列分别左右平移 0.15，即可绘制正常的簇状柱状图，如图 5-22 所示。

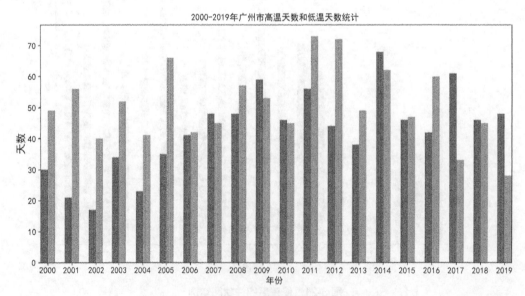

图 5-22　簇状柱状图实例

思考：上述代码中为什么要设置 width=0.3？0.3 实现的效果是什么？如果设置为 0.5 或大于 0.5，会出现什么问题？高温天数和低温天数之间存在怎样的关联性？

簇状柱状图适合对比按时间变化的多个数据序列。如果需要同时显示按时间变化的各个分类的占比，如统计和显示 2000—2019 年广州市高温天数、低温天数、常温天数占比，则适合使用堆叠柱状图。堆叠柱状图综合了柱状图和饼图的显示特点，可以显示多个个体占数据序列的比例。与饼图相比，堆叠柱状图不会自动计算个体占比，因此需要事先计算所有个体的占比数据。

【例 5-27】以 2000—2019 年广州市数据为例，按年统计高温天数（>30℃）、常温天数（>15℃并且<=30℃）、低温天数（<=15℃）的比例。

```
data1 = data.query('City=="广州" and Year>=2000 and Year <=2019').copy()
bins = [-100,15,30,100]
labels = ['低温天数','常温天数','高温天数']
data1['分类'] = pd.cut(data1['AvgTemperature'],bins = bins, labels = labels)
data1_group = data1.groupby(by=['Year','分类']).agg({'AvgTemperature':
'count'})
```

data1_group 变量具有双重索引（"Year"和"分类"），不适合按列进行绘图，需要对其进行转换，将"分类"索引列的数据转换为对应的列，如图 5-23 所示。

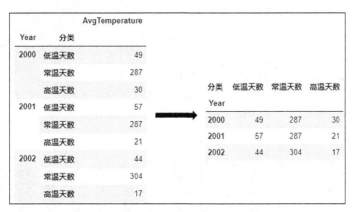

图 5-23　行列转换

```
data1_group = data1_group['AvgTemperature'].unstack()
```

默认情况下，unstack()方法将最后一级行索引转换为列索引，加上 "['AvgTemperature']" 可以避免生成多级列索引。修改后的 data1_group 的列索引的类型为 CategoricalIndex，这会影响后续的列操作，这里将其转换为普通的列索引。

```
data1_group.columns = data1_group.columns.to_list()
```

最后获取每个气温分组的占比。

```
data1_group = data1_group/365
```

上述代码将 data1_group 中的每个数据除以 365，以获得分组所占比例。一个被忽视的问题为没有考虑闰年，感兴趣的读者可以自行修改代码，以获取更精准的分类占比。计算后的部分结果如图 5-24 所示。

Year	低温天数	常温天数	高温天数
2000	0.134247	0.786301	0.082192
2001	0.156164	0.786301	0.057534
2002	0.120548	0.832877	0.046575
2003	0.145205	0.761644	0.093151
2004	0.112329	0.827397	0.063014

图 5-24　分类占比

与簇状柱状图在水平方向进行位移不同，堆叠柱状图利用 bottom 参数将不同数据序列在垂直方向进行位移，结果如图 5-25 所示。

```
plt.figure(figsize=(16,6))
plt.title("2000-2019年广州市气温分组占比")
plt.xlabel('年份')
plt.ylabel('比率')
plt.xticks(data1_group.index)
plt.margins(x=0.01)
plt.bar(x=data1_group.index, height= data1_group['低温天数'], label='低温天数', width=0.4)
plt.bar(x=data1_group.index, height= data1_group['常温天数'], bottom = data1_group['低温天数'], label='常温天数', width=0.4)
plt.bar(x=data1_group.index, height= data1_group['高温天数'], bottom = data1_group['低温天数']+data1_group['常温天数'], label='高温天数', width=0.4)
plt.legend()
```

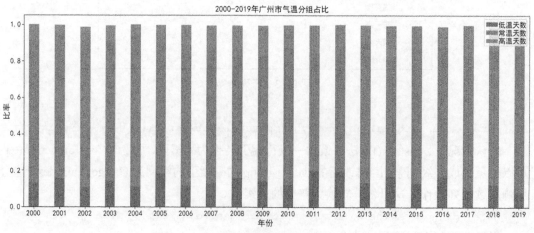

图 5-25　堆叠柱状图效果

5.5.4　练习

【练习 5-18】绘制 1995—2019 年期间全球平均气温变化趋势，如图 5-26 所示。请根据图 5-26 思考全球平均气温的变化趋势是什么。

图 5-26 1995—2019 年期间全球平均气温变化趋势

【练习 5-19】基于图 5-26，在同一幅图里面绘制 1995—2019 年期间全球平均气温和最低气温变化趋势（注意删除数据中日均气温异常值），并指出其中存在的问题。

【练习 5-20】基于【练习 5-19】，绘制图 5-27 所示的双坐标系图表（配色自行指定）。

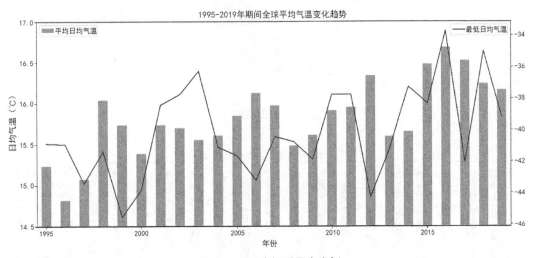

图 5-27 双坐标系图表实例

【练习 5-21】查询 2019 年年平均气温创历史新高的国家所属各洲的比例，绘制图 5-28 所示的饼图。

【练习 5-22】修改【练习 5-21】中的代码，绘制图 5-29 所示的饼图。

【练习 5-23】基于【例 5-27】，实现图 5-30 所示的效果（使用 plt.text() 方法）。

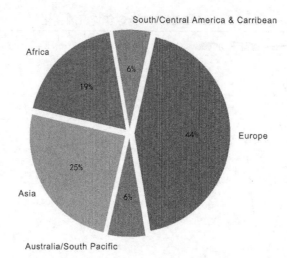

图 5-28　2019 年年平均气温创历史新高的国家所属各洲的比例

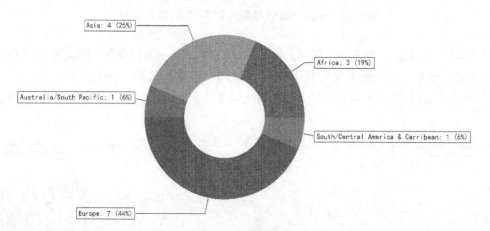

图 5-29　饼图实例

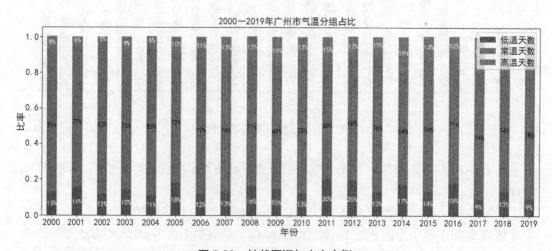

图 5-30　柱状图添加文字实例

【**练习 5-24**】全球变暖对高纬度国家（即靠近南极和北极的国家）的影响更为显著。以北欧的 Finland（芬兰）为例，按年统计 1995—2019 年日均气温低于 0℃的天数，并绘制图 5-31 所示的柱状图。

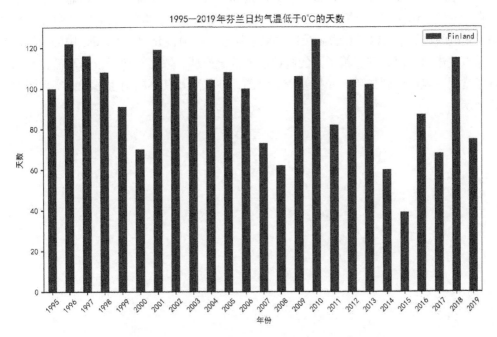

图 5-31 芬兰日均气温低于 0℃的天数统计示意图

【**练习 5-25**】统计 2015—2019 年北欧 4 国〔Finland（芬兰）、Sweden（瑞典）、Norway（挪威）、Denmark（丹麦）〕日均气温低于 0℃的天数并将其与 1995 年气温低于 0℃的天数进行对比，计算相应的比例，绘制图 5-32 所示的柱状图。

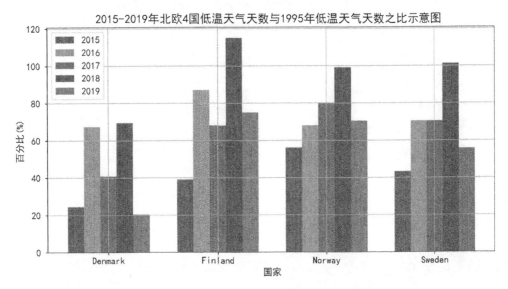

图 5-32 2015—2019 年北欧 4 国日均气温低于 0℃的天数统计示意图

5.6 项目总结

实际数据集中经常存在异常数据，其产生原因有多种，可能是人为疏忽，也可能是数据本身的问题。作为数据建模、模型分析、模型优化的输入，数据分析需要提供一个真实、准确、规范的数据集，以避免影响后续的处理流程。本项目介绍了 Pandas 中的数据清洗技术，重点关注缺失值处理、箱形图的解读、异常值处理、数据转换、数据离散化等内容；讲解了常用图表的绘制技巧，如折线图、饼图、柱状图及其不同衍生形态，实现图表的个性化展示。

项目 六 全球气温变化趋势（四）
——数据多维化

商务领域里面常用的 Excel 数据透视表（Pivot Table）综合了数据排序、筛选、分类汇总等功能，能方便地调整分类汇总的方式，并以多种不同的方式展示数据的特征。利用 Pandas 提供的数据透视表工具，只需要编写少量代码，即可实现一个灵活、强大的数据透视表，帮助用户快速掌握分类信息。因此，本项目将介绍 Pandas 中的数据透视表相关工具的使用。

项目重点

- 实现数据的拆分和拼接。
- 实现数据透视表。
- 实现数据透视表的复杂处理。

6.1 项目背景

city_temperature.csv 数据集里面总共有 2906327 条记录，记录了 321 个不同城市的数据，每个城市的气温记录数目从 3133 至 18530 不等。从这些繁杂的数据中快速定位数据，并进行各种分类汇总，如对 2019 年的数据按国家进行汇总、对所有欧洲城市的数据按年份进行汇总等，对数据工作者来说是一个必须掌握的技能。虽然上述需求可以利用项目四介绍的索引以及分组统计功能实现，但数据透视表提供了一个更快捷的一站式解决方案，只需要少量代码即可实现信息量丰富、表现方式灵活、功能强大的汇总表格，帮助用户从不同角度、不同维度对数据进行高效分析，迅速掌握数据的变化规律。

综上所述，本项目将介绍数据的多维化分析与展示技巧，即数据透视表，帮助用户从不同的角度与维度理解数据。

6.2 技能图谱

本项目的技能图谱如图 6-1 所示，包括数据的拆分与拼接、数据透视表的实现。

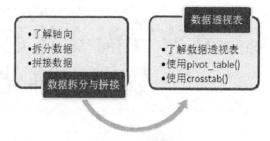

图 6-1　技能图谱

6.3　数据拆分与拼接

基于数据移动、数据加密、数据查询优化等方面的需求，数据分析工作者会依据不同的准则对数据进行拆分与拼接。Pandas 中的核心数据结构 DataFrame 是一个二维数据结构，具有两个轴向，因此数据的拆分和拼接需要指定操作的轴向，以确认此类操作的方向与范围。与数据拆分和拼接相似，不少 Pandas 方法也需要指定轴向参数，如 count()、drop()，其中大部分方法会默认一个操作轴向。因此，在介绍数据拆分和拼接之前，6.3.1 小节将介绍 DataFrame 的轴向的基本概念及其应用。

6.3.1　了解轴向

Pandas 中的核心数据结构 DataFrame 是一个二维数据结构，其轴向定义如图 6-2 所示。axis=0（以下称"0 轴"）定义为垂直方向（行方向），而 axis=1（以下称"1 轴"）定义为水平方向（列方向）。当指定了 axis 参数时，Pandas 方法（指支持 axis 参数的方法）按照指定的轴向进行处理和计算。

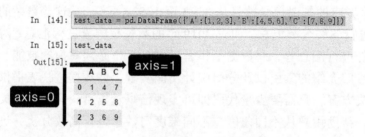

图 6-2　DataFrame 轴向定义示意图

事实上，DataFrame 由 Series 组成，即 DataFrame 中的每一列（或者每一行）均可被视为一个 Series。因此，Series 是一个一维结构，对其进行处理时无须指定轴向。

【例 6-1】按不同轴向计算图 6-2 中的数据平均值。

```
test_data.mean(axis=0)

test_data.mean(axis=1)
```

理解 Pandas 对轴向处理方法的关键点为：设想有一柄斧头，当 axis=0 时，这柄斧头按照垂直方向（即 0 轴方向）对数据进行"切削"，从而将数据集"切"成多列；当 axis=1

时，这柄斧头按照水平方向（即 1 轴方向）对数据进行"切削"，从而将数据集"切"成多行。完成上述"切削"操作后，对得到的列（或行）数据进行平均值计算，得到图 6-3 所示的结果。

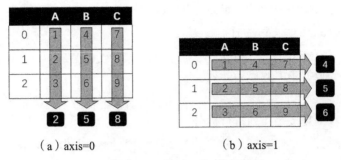

（a）axis=0 　　　　　　　　　　（b）axis=1

图 6-3 【例 6-1】的计算过程示意图

【例 6-2】删除 test_data 的 "B" 列。

```
test_data.drop('B', axis=1)        #正确代码
test_data.drop('B', axis=0)        #错误代码
```

drop('B', axis=1)的轴向处理方式与图 6-3（b）相同，仍然将 test_data 按照水平方向切分为行，但是对行数据的处理有所不同。因为调用 drop()方法时指定删除 "B" 列，所以 Pandas 检查切分后的每行数据，删除其中属于标签 "B"（"B" 列）的数据项，如图 6-4 中黑框所示。如果运行错误代码 test_data.drop('B', axis=0)，则 Pandas 按照图 6-3（a）中的方式将 test_data 切分为列，但是列数据里面找不到标签为 "B" 的数据项，导致代码运行出错。

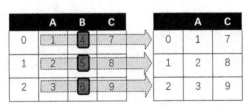

图 6-4 drop()方法的轴向处理方式

6.3.2 拆分数据

合理拆分数据能降低数据对存储空间的需求及提升查询、分析、处理等操作的执行效率。尽管 Pandas 没有提供一个专用的数据拆分方法，但数据分析工作者可以依据不同的拆分需求，灵活选择 Pandas 提供的其他工具实现对数据集的拆分，如查询、分组、表达式等。常见的数据拆分方式包括按行、按列、按值进行拆分，每种方式又可以用多种不同的工具来实现。下面通过具体实例演示数据拆分的各种技巧。

介绍例子之前，运行以下代码读入 city_temperature.csv，并对 "AvgTemperature" 列的值进行转换。

```
import numpy as np
import pandas as pd
```

```
import matplotlib.pyplot as plt
data = pd.read_csv('data/city_temperature.csv',dtype={'State':object})
data['AvgTemperature'] = (data['AvgTemperature']-32)/1.8
```

【例 6-3】拆分数据集中的"Region""Country"列。

```
data[ ['Region', 'Country'] ]
data.loc[:, ['Region', 'Country'] ]
```

【例 6-4】拆分数据集中的最后 4 列。

```
data.iloc[:, -4:]
```

【例 6-5】将数据集按每 4 列进行拆分。

```
np.split(data, 2, axis = 1)                    #注意此条代码耗时较长
```

split()为 NumPy 提供的切分方法用于将给定的列表按照要求切分为多个子列表，其第一个参数为需要拆分的数据，第二个参数用于指定拆分的方式，可选的第三个参数 axis 用于指定拆分的轴向。第二个参数接收整数和按照升序排列的列表，分别指示 split()沿轴向进行 n 均分和指定切分的位置。【例 6-5】的第二个和第三个参数分别为 2 和 1，表示将 data 按照 1 轴方向进行 2 均分，即拆分后的 2 个子数据集均具有 4 列数据（data 有 8 列数据）。作为对比，请读者自行对比下面代码的运行结果，并思考后面的问题。

```
np.split(data, 3, axis = 1)
```

【例 6-6】将数据集按每列进行拆分，拆分位置为第 2 列和第 5 列。

```
np.split(data, [2, 5] , axis = 1)              #检查结果，一共拆分为了多少个子数据集？
np.split(data, [5, 2] , axis = 1)              #检查结果，和上面代码的区别在哪里？
```

【例 6-7】拆分出数据集中的前 1000 行。

```
np.split(data, [1000] , axis = 0)              #检查结果，一共拆分为了多少个子数据集？
data.head(1000)                                #检查结果，和上面代码有什么区别？
```

【例 6-8】拆分出所有地区为欧洲的记录。

```
data.query('Region=="Europe"')
data[ data['Region'] == 'Europe']
```

【例 6-9】按年份拆分数据集。

```
data_groupby= data.groupby(by='Year')
data_by_year = {}
for key, value in data_groupby:
    data_by_year[key] = value
```

【例 6-9】利用 groupby()方法将数据集按照年份进行拆分，并利用迭代方式将拆分后的分组对象存储到一个字典对象中，方便后续的检索和查看，如 data_by_year[2020]将显示 2020 年的数据。

【例 6-10】按地区拆分数据集。

```
data_index_region = data.set_index('Region')
data_by_region = {}
for key in data_index_region.index.unique():
    data_by_region[key] = data_index_region.loc[key, :]
```

作为思考练习，请读者自行对比【例 6-10】和【例 6-9】采取的不同方法。

【例 6-11】按城市名的首字母拆分数据集。

```
data_first_letter= data.copy()
data_first_letter['First'] = data_first_letter['City'].astype(str).str[0]
#获取每个城市名的首字母
data_first_letter_groupby = data_first_letter.groupby(by='First')
data_by_first_letter = {}
for key, value in data_first_letter_groupby:
    data_by_first_letter[key] = value
```

【例 6-11】的解决思路为先获取每个城市的首字母，将其存储为一个新的"First"列，再按照"First"列对数据集进行分组。

【例 6-12】拆分出城市名里面含有"A"的数据。

```
data.loc[ data['City'].astype(str).str.contains('A') ]
```

从本小节的实例中可以看出，虽然 Pandas 没有提供一个统一的方法进行数据集的拆分，但是数据分析师可以灵活利用查询、分组、表达式等各种技巧，对数据集进行按行、按列、按值的拆分。6.3.3 小节将介绍拆分数据的反操作——拼接数据，即将多个数据集合并为一个大数据集。

6.3.3 拼接数据

与数据拆分相比，Pandas 为数据拼接提供了明确的方法支持，即 merge()、join()、concat() 方法。这 3 个方法将多个数据集按照特定规则进行拼接，其相互之间的主要区别如表 6-1 所示。

表 6-1　Pandas 中 3 种拼接方法之间的区别

方法名	默认连接方向	默认连接方式	默认对齐方式
concat()	按行	全外连接（Outer Join）	列标签或索引
merge()	按列	内连接（Inner Join）	列值
join()	按列	左连接（Left Join）	列值

【例 6-13】将 2019 年的 Paris 和 London 两个城市的数据按照月份进行拆分。

```
cities = ['Paris', 'London']
year = 2019
```

```
paris_london_2019_data = {}
for city in cities:
    for month in range(12):
        key = city + '-' + str(year) + "-" + str(month + 1)
        if month%2 == 0:
            paris_london_2019_data[key] = data.query('City==@city and Year==
@year and Month==@month+1 and AvgTemperature>-70')[['City','Year', 'Month',
'Day','AvgTemperature']]
        else:
            paris_london_2019_data[key] = data.query('City==@city and Year==
@year and Month==@month+1 and AvgTemperature>-70')[['City','Month','Day',
'AvgTemperature']]
```

【例 6-13】query()方法中的"Year==@year"表示用外部变量 year 的值进行替代，等价于"year==2019"。为了演示不同格式数据集之间的拼接，【例 6-13】的代码删掉了偶数月份数据集中的"Year"列，并过滤了异常值数据（AvgTemperature>-70）。运行完上述代码后，paris_london_2019_data 存储了 24 个子数据集，即 Paris 和 London 在 2019 年的每个月的数据，并支持通过 paris_london_2019_data['Paris-2019-1']的方式访问指定城市、指定月份的数据。

【例 6-14】按行拼接 Paris 2019 年 1 月和 3 月的数据（axis=0）。

```
paris_2019_1 = paris_london_2019_data['Paris-2019-1']
paris_2019_3 = paris_london_2019_data['Paris-2019-3']
pd.concat([paris_2019_1, paris_2019_3], axis=0)
```

【例 6-15】按行拼接 Paris 2019 年 1 月和 2 月的数据（axis=0），部分运行结果如图 6-5所示。

```
paris_2019_1 = paris_london_2019_data['Paris-2019-1']
paris_2019_2 = paris_london_2019_data['Paris-2019-2']
pd.concat([paris_2019_1, paris_2019_2], axis=0)
```

图 6-5　【例 6-15】的部分运行结果

与【例 6-14】相比，【例 6-15】的运行结果中"Year"列部分数据为 NaN，如图 6-5 所示。当调用 concat() 来指定轴向参数时，如 axis=0，concat() 会对另外的轴向（axis=1，即数据列）进行对齐操作，两个数据集中共有的数据列（如"City""Month""Day""AvgTemperature"列）进行正常拼接操作，而非共有列（如 paris_2019_2 没有"Year"列）缺失部分的数据被设为 NaN。

【例 6-16】按列拼接 Paris 和 London 2019 年 1 月的数据（axis=1）。

```
paris_2019_1 = paris_london_2019_data['Paris-2019-1']
london_2019_1 = paris_london_2019_data['London-2019-1']
pd.concat([paris_2019_1, london_2019_1], axis=1)
```

参考【例 6-15】的解释，请读者自行思考出现图 6-6 所示的【例 6-16】运行结果的原因。【例 6-16】是一个数据拼接的错误范例，因为其产生了大量的无用"垃圾"数据，如图 6-6 中的两块 NaN 区域；并且相互错开的正常数据会导致数据对比困难，如图 6-6 中 2019 年 1 月 5 日的 Paris 和 London 的记录。一个改进的数据拼接示例如图 6-7 所示，将 Paris 和 London 的数据分别按照日期进行对齐，确保相同日期的两市数据被合并为一条数据。

图 6-6 【例 6-16】的运行结果

图 6-7 【例 6-16】改进的数据拼接示例

图 6-7 所示的数据拼接方式称为连接，即按照指定的列值进行数据的对齐和拼接操作，如 2019 年 1 月 1 日的 Paris 数据只会和 2019 年 1 月 1 日的 London 数据进行连接，而不会与其他日期的 London 数据进行连接。连接避免了产生大量无实际意义的数据，使得拼接后数据的易读性更强。【例 6-17】展示了【例 6-16】的改进版本。

【例 6-17】拼接 Paris 和 London 2019 年 1 月的数据。

```
paris_2019_1 = paris_london_2019_data['Paris-2019-1'].set_index(['Year',
'Month','Day'])

london_2019_1 = paris_london_2019_data['London-2019-1'].set_index(['Year',
'Month','Day'])

pd.concat([paris_2019_1, london_2019_1], axis=1)
```

与【例 6-16】相比，【例 6-17】为 paris_2019_1 和 london_2019_1 设置了多级索引：Year、Month、Day。因为调用 concat() 方法指定了 axis=1，所以 concat() 会在 0 轴上进行对齐操作，即只拼接具有相同索引的 Paris 和 London 数据，部分运行结果如图 6-8 所示。

Year	Month	Day	City	AvgTemperature	City	AvgTemperature
2019	1	1	Paris	46.8	London	47.3
		2	Paris	42.2	London	41.4
		3	Paris	40.5	London	40.7
		4	Paris	39.3	London	37.5
		5	Paris	40.5	London	40.2
		6	Paris	41.1	London	46.0
		7	Paris	44.4	London	48.6
		8	Paris	46.6	London	44.8
		9	Paris	40.3	London	39.6
		10	Paris	37.1	London	37.9
		11	Paris	42.3	London	45.5

图 6-8 【例 6-17】的部分运行结果

【例 6-18】连接 Paris 和 London 2019 年 5 月的数据，部分运行结果如图 6-9 所示。

```
paris_2019_5 = paris_london_2019_data['Paris-2019-5'].set_index(['Year',
'Month','Day'])

london_2019_5 = paris_london_2019_data['London-2019-5'].set_index(['Year',
'Month','Day'])

pd.concat([paris_2019_5, london_2019_5], axis=1)
```

注意图 6-9 所示的 3 处 NaN。以 2019 年 5 月 19 日的 NaN 数据为例，其产生的原因为 2019 年 5 月 19 日的 London 数据缺失，Pandas 将 2019 年 5 月 19 日的 London 数据填充为 NaN。同理，2019 年 5 月 21 日和 2019 年 5 月 22 日的 Paris 数据缺失，因此这两日的 Paris 数据被填充为 NaN。这种连接方式称为全外连接（Outer Join），即如果任意一方数据缺失，则用 NaN 进行填充。这也是 concat() 的默认连接方式。作为思考练习，请读者仔细观察图 6-9 中的结果，除了 3 处 NaN 之外，还存在哪些异常情况？

全外连接保留进行连接操作的所有数据，并将缺失部分的数据设置为 NaN。如果只保留进行连接操作的某一方的所有数据，则被称为左外连接或右外连接，其中的"左"和"右"指 DataFrame 在连接方法参数中的顺序，以 pd.concat([paris_2019_5, london_2019_5], axis=1) 为例，paris_2019_5 被称为"左"表，而 london_2019_5 被称为"右"表。

Year	Month	Day	City	AvgTemperature	City	AvgTemperature
2019	5	1	Paris	53.6	London	53.3
		2	Paris	53.4	London	52.6
		3	Paris	51.2	London	49.4
		4	Paris	44.5	London	45.6
		5	Paris	43.6	London	46.6
		6	Paris	46.8	London	48.1
		7	Paris	52.9	London	52.1
		8	Paris	51.6	London	51.4
		9	Paris	53.8	London	50.3
		10	Paris	49.7	London	50.9
		11	Paris	48.5	London	53.2
		12	Paris	50.7	London	52.5
		13	Paris	54.0	London	52.9
		14	Paris	55.9	London	55.0
		15	Paris	56.4	London	56.9
		19	Paris	56.7	NaN	NaN
		20	Paris	56.1	London	60.4
		21	NaN	NaN	London	60.3
		22	NaN	NaN	London	61.2
		23	Paris	68.0	London	62.5

图 6-9　【例 6-18】的部分运行结果

【例 6-19】左外连接 Paris 和 London 2019 年 5 月的数据。

```
pd.merge(left=paris_2019_5, right=london_2019_5, on=['Year','Month','Day'],
how='left')
```

或使用如下代码。

```
pd.merge(paris_2019_5, london_2019_5, how='left', left_index=True, right_
index=True)
```

pd.concat()中的 join 参数只能选择 "inner" 或者 "outer"，不支持左外连接和右外连接。因此，【例 6-19】使用 pd.merge()实现左外连接。pd.merge()中的 left 和 right 参数指定进行连接的左表和右表，on 参数指定进行对齐操作的列名列表（所有的列名需要在两个 DataFrame 中都存在），how 参数指定连接的类型。因为 paris_2019_5 和 london_2019_5 具有相同的多级索引结构及相同的索引名字，所以可以通过将 left_index 和 right_index 参数设置为 True 实现相同的运行结果。左外连接的部分运行结果如图 6-10 所示，其中有 3 个需要注意的地方：（1）左表（paris_2019_5）有数据的日期而右表（london_2019_5）没有数据的日期，如 2019 年 5 月 19 日，会保留在结果中，并且此日期对应的右表部分的数据被设置为 NaN；（2）左表没有数据但是右表有数据的日期，如 2019 年 5 月 21 日和 2019 年 5 月 22 日，不会出现在结果中；（3）两个 DataFrame 均缺乏数据的日期，如 2019 年 5

月 16 日—2019 年 5 月 18 日，不会出现在结果中。右外连接和左外连接的处理方式相反，请读者自行实现 paris_2019_5 与 london_2019_5 的右外连接，将运行结果与图 6-10 进行对比，从而获知这两种外连接方式之间的区别。

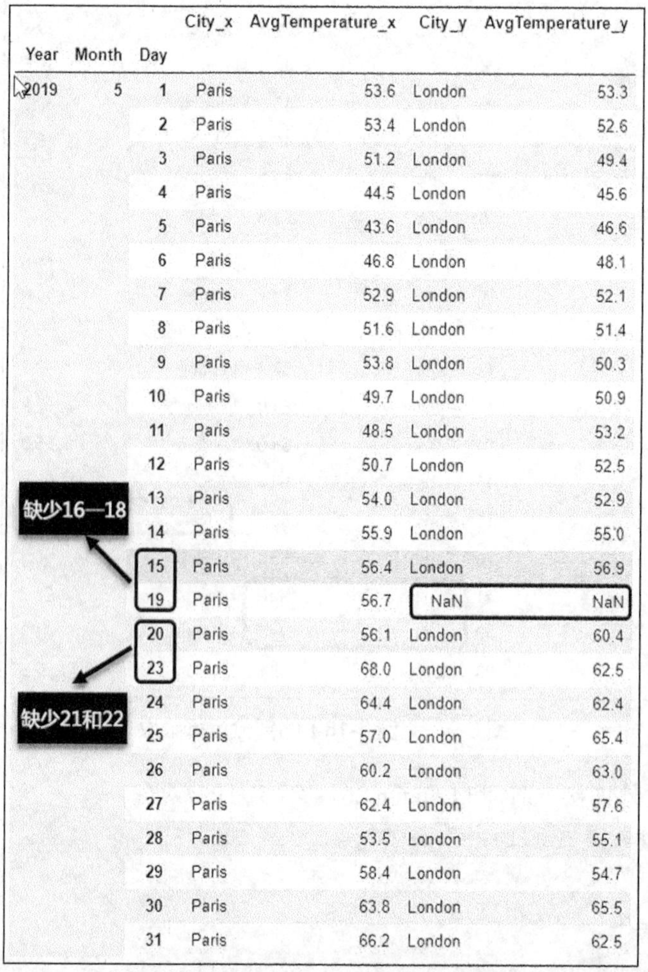

Year	Month	Day	City_x	AvgTemperature_x	City_y	AvgTemperature_y
2019	5	1	Paris	53.6	London	53.3
		2	Paris	53.4	London	52.6
		3	Paris	51.2	London	49.4
		4	Paris	44.5	London	45.6
		5	Paris	43.6	London	46.6
		6	Paris	46.8	London	48.1
		7	Paris	52.9	London	52.1
		8	Paris	51.6	London	51.4
		9	Paris	53.8	London	50.3
		10	Paris	49.7	London	50.9
		11	Paris	48.5	London	53.2
		12	Paris	50.7	London	52.5
		13	Paris	54.0	London	52.9
		14	Paris	55.9	London	55.0
		15	Paris	56.4	London	56.9
		19	Paris	56.7	NaN	NaN
		20	Paris	56.1	London	60.4
		23	Paris	68.0	London	62.5
		24	Paris	64.4	London	62.4
		25	Paris	57.0	London	65.4
		26	Paris	60.2	London	63.0
		27	Paris	62.4	London	57.6
		28	Paris	53.5	London	55.1
		29	Paris	58.4	London	54.7
		30	Paris	63.8	London	65.5
		31	Paris	66.2	London	62.5

（缺少16—18）（缺少21和22）

图 6-10　【例 6-19】的部分运行结果

除了上述 3 种形式的外连接（左外连接、右外连接、全外连接）之外，还有一种在数据统计和分析操作中得到广泛应用的连接方式——内连接，其只保留进行连接的数据中共有的数据部分，如【例 6-20】所示。

【例 6-20】内连接 Paris 和 London 2019 年 5 月的数据。

```
pd.merge(left=paris_2019_5, right=london_2019_5, on=['Year','Month','Day'])
```

本小节中介绍的不同形式的连接方式之间的区别如图 6-11 所示，其中两个圆形分别代表参与连接的左表和右表，深色部分代表保留在结果中的数据。这些连接方式与拼接方式会根据指定的要求对数据进行对齐操作，如相同日期的数据、相同行索引的数据等。

最后，Pandas 提供了第三种实现连接操作的方法：DataFrame.join()。其操作原理和使用方法与 pd.merge() 类似，在此不再详细介绍。

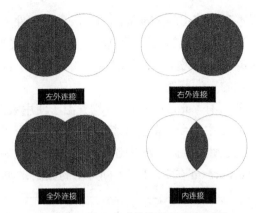

图 6-11 不同形式的连接方式示意图

6.3.4 练习

【练习 6-1】删除图 6-2 所示的 test_data 中标签为 1 的行，并绘制与图 6-4 类似的轴向处理方式示意图。

【练习 6-2】拆分出数据集中的最后 1000 行。

【练习 6-3】拆分出数据集中的前 1000 行和最后 1000 行。

【练习 6-4】按 "Country" "City" 列对数据集进行拆分。

【练习 6-5】按 "City" 列值的长度对数据集进行拆分。如 "Lome" "Bonn" "Rome" 等城市名字的长度均为 4，因此需要被拆分到一个子数据集中。

【练习 6-6】按列拼接 Paris 和 London 2018 年 11 月的记录（内连接）。

【练习 6-7】按列拼接 Paris 和 London 2018 年 11 月的记录（左外连接）。

【练习 6-8】按列拼接 Paris 和 London 2018 年 11 月的记录（右外连接）。

【练习 6-9】按列拼接 Paris 和 London 2018 年 11 月的记录（全外连接）。

6.4 数据透视表

数据透视表（Pivot Table）是商业数据分析中常用的一种表格形式，用来展示数据的动态排布以及分类汇总信息。数据分析中的基础数据（即未经处理的数据）包含了所有的细节数据，其采用的格式主要用来为数据的存储、传输、交换和处理提供便利，不适合用来快速理解数据和展示数据变动规律。数据透视表对基础数据进行排序、筛选、分组、统计计算、汇总等操作，并利用行列互换、复杂计算等技巧，将基础数据转换为灵活度高、可读性强、易于理解的数据形式，提高数据的易读性以及提升数据的处理效率。本节将介绍数据透视表的基本概念，以及 Pandas 提供的数据透视表方法——pd.pivot_table()。

6.4.1 了解数据透视表

如前所述，数据透视表为数据变换、分组、统计计算等操作提供了一个简单、灵活、强大的手段，其目的在于隐藏细节数据，将重要数据以脉络清晰的形式予以呈现，帮助用户快速发现数据规律。以本项目使用的 city_temperature.csv 文件为例，其包含了世界主要城市在 1995—2020 年的每天平均气温数据，数据量庞大，因此需要对数据进行"浓缩"，一方面过滤掉与项目无关的数据，另一方面重新组织相关数据，将其转换为用户易于理解的形式，如【例 6-21】所示的查询范例。

【例 6-21】显示 2018 年所有 Europe 城市的月均气温（使用数据透视表形式）。

与原始数据相比，图 6-12 中两个数据透视表范例对数据进行了相应的重组，方便查看和对比不同城市、不同月份之间的数据，如对比 2018 年 1 月不同城市的月平均气温，如图 6-12（a）所示，或对比 Amsterdam 在 2018 年不同月份的数据，如图 6-12（b）所示。

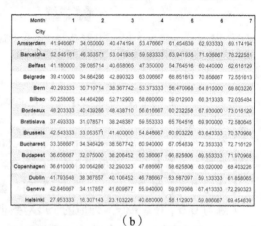

（a）　　　　　　　　　　　　　　　（b）

图 6-12　数据透视表示意图

有两种方法实现图 6-12 中的透视表：4.5 节中介绍的统计分析技巧与 pivot_table() 方法。其中，pivot_table() 只需少量代码（简单的数据透视表甚至只需要一条代码）即可实现一张数据透视表，因此其使用起来更方便。例如，图 6-12 所示的两张数据透视表均只需要调用 pd.pivot_table() 即可实现，并且修改对应的参数即可实现图 6-12（a）与图 6-12（b）之间的相互转换，如下面代码所示。

```
all_europe_2018 = data.query('Region=="Europe" and Year==2018 and
AvgTemperature>-70')

    pd.pivot_table(all_europe_2018, index=['Month'],columns=['City'], values=
'AvgTemperature')  #(a)

    pd.pivot_table(all_europe_2018, index=['City'],columns=['Month'], values=
'AvgTemperature')  #(b)
```

6.4.2　使用 pivot_table()

pivot_table() 为 Pandas 提供数据透视表工具，其主要的参数如下。

- data：进行数据透视的 DataFrame。
- index：指定对数据进行分组的列（0 轴）。
- columns：指定对数据进行分组的列（1 轴）。

- values：指定进行统计计算的列。
- aggfunc：指定统计计算的类型。

pivot_table()中容易被混淆的两个参数为 index 和 columns，两者均指定对数据进行分组的列，但是 index 参数的分组结果体现于 0 轴，而 columns 参数的分组结果体现于 1 轴。下面通过具体实例逐步介绍 pivot_table()的使用方法。

【例 6-22】按城市统计 2018 年 US 城市的年均气温。

```
usa_2018 = data.query('Country=="US" and Year==2018 and AvgTemperature>
-70').copy()
    pd.pivot_table(usa_2018, index='City', values='AvgTemperature')
```

【例 6-22】调用 pd.pivot_table()时设置了 3 个参数：usa_2018 参数值指定进行数据透视的基础表；index='City'指定按照 City 列的值进行分组（即把同一城市的数据分为一组，与4.5 节中统计分析的分组概念相同）；values 参数指定进行统计计算的列（默认为计算平均值），不属于 values 参数的列数据不参与统计计算，也不会出现在最终数据透视表中。最终运算结果如图 6-13 所示。注意 index 参数指定的 City 列的值被设置为索引，即属于 0 轴。作为思考练习，读者请修改【例 6-22】的代码，省略 pivot_table()中 values 参数，查看修改后代码的运行结果。

City	AvgTemperature
Abilene	64.424932
Akron Canton	52.236712
Albany	50.484384
Albuquerque	59.219726
Allentown	54.091781
...	...
Wichita	57.694521
Wichita Falls	63.396712
Wilkes Barre	50.893151
Yakima	53.351507
Youngstown	50.798356

图 6-13 按城市统计 2018 年 US 城市的年均气温

【例 6-23】按州、城市统计 2018 年 US 城市的年均气温。

```
    pd.pivot_table(usa_2018, index=['State','City'], values='AvgTemperature')
```

【例 6-23】中需要对数据进行多级分组，因此设定 index=['State','City']，将 State 和 City设为结果集中的多级索引，如图 6-14 所示。请思考，如果对调【例 6-23】中 index 参数中的列名，结果会与图 6-14 有哪些不同？

State	City	AvgTemperature
Alabama	Birmingham	64.340274
	Huntsville	62.950137
	Mobile	68.200548
	Montgomery	66.161096
Alaska	Anchorage	40.833699
...	...	...
Wisconsin	Green Bay	46.113425
	Madison	47.250137
	Milwaukee	49.040822
Wyoming	Casper	45.711781
	Cheyenne	47.295616

图 6-14　按州、城市统计 2018 年 US 城市的年均气温

【例 6-24】按州、城市统计 2018 年 US 城市的月均气温。

如果采取【例 6-23】中的方法，设置 index=['State','City', 'Month']，则结果中会出现三级索引，并且前两级索引为 State 和 City，其数据性质明显不同于第三级索引 Month，会导致数据可读性下降。因此，利用 columns 参数，将 Month 列的分组移动到 1 轴，即列方向，如下面代码所示，部分运行结果如图 6-15 所示。作为对比，请读者修改代码，将 State、City、Month 列均设为 index 参数，运行并对比结果。

```
pd.pivot_table(usa_2018, index=['State','City'], columns='Month',values=
'AvgTemperature')
```

State	City	1	2	3	4	5	6
Alabama	Birmingham	39.890323	57.510714	55.445161	60.310000	74.632258	78.620000
	Huntsville	37.664516	54.389286	52.580645	57.730000	74.958065	79.460000
	Mobile	46.035484	64.178571	61.122581	64.263333	76.061290	80.713333
	Montgomery	42.416129	61.082143	58.341935	62.440000	75.335484	80.116667
Alaska	Anchorage	20.825806	19.860714	28.061290	39.690000	48.264516	56.443333
...	...	...	...	...	...	...	...
Wisconsin	Green Bay	20.103226	21.182143	31.638710	35.453333	62.525806	68.063333
	Madison	20.358065	22.410714	32.980645	37.873333	64.738710	70.036667
	Milwaukee	24.667742	26.989286	34.819355	38.813333	61.538710	66.690000
Wyoming	Casper	28.103226	20.525000	35.196774	41.663333	55.532258	64.516667
	Cheyenne	32.103226	25.803571	37.438710	42.276667	55.577419	66.376667

图 6-15　【例 6-24】的部分运行结果

【例 6-25】对调图 6-15 中的行索引和列索引。

```
pd.pivot_table(usa_2018, index='Month', columns=['State','City'],values=
'AvgTemperature')
```

【例 6-25】演示了 pivot_table()提供的灵活、便捷的使用方法，只需要对调 index 和 columns 参数值，即可按照不同的透视方法对数据进行重排，部分运行结果如图 6-16 所示。

State	Alabama				Alaska		
City	Birmingham	Huntsville	Mobile	Montgomery	Anchorage	Fairbanks	Juneau
Month							
1	39.890323	37.664516	46.035484	42.416129	20.825806	-5.654839	29.132258
2	57.510714	54.389286	64.178571	61.082143	19.860714	3.121429	23.782143
3	55.445161	52.580645	61.122581	58.341935	28.061290	16.545161	32.406452
4	60.310000	57.730000	64.263333	62.440000	39.690000	32.266667	40.766667
5	74.632258	74.958065	76.061290	75.335484	48.264516	50.661290	49.087097
6	78.620000	79.460000	80.713333	80.116667	56.443333	59.763333	55.170000
7	80.645161	80.151613	81.522581	81.174194	61.029032	64.419355	60.845161
8	79.964516	79.503226	80.270968	79.458065	58.535484	55.806452	57.519355
9	79.730000	78.686667	80.203333	79.803333	54.686667	47.743333	49.843333
10	67.222581	65.129032	72.558065	69.754839	45.090323	34.477419	45.712903
11	49.480000	47.860000	56.263333	52.253333	30.413333	12.460000	38.533333
12	48.319355	46.845161	55.103226	51.587097	25.651613	0.112903	33.287097

图 6-16 【例 6-25】的部分运行结果

除了【例 6-22】～【例 6-25】展示的默认的统计计算（计算平均值），pivot_table()还通过 aggfunc 参数支持多种不同的统计计算。

【例 6-26】按城市、月份统计 2018 年前 3 月所有 US 城市的平均气温、最高气温和最低气温。

```
pd.pivot_table(usa_2018.query('Month<=3'),index='State',columns='Month', \
values='AvgTemperature', aggfunc=[np.mean,max, min])
```

6.4.3 使用 crosstab()

如果想快速地分组统计数据的出现频率，则可以利用 pd.crosstab()生成一类特殊的透视表——交叉表，将两个或者多个列中不重复的元素组成一个新的 DataFrame。除了统计频率之外，crosstab()也能进行其他类型的汇总统计，其调用方法及重要参数如下所示。

```
pd.crosstab(index, columns, values=None, rownames=None, colnames=None,
aggfunc=None, margins=False, margins_name: str = 'All', dropna: bool = True,
normalize=False)
```

- index：按指定列中的数据进行分组，并将分组结果作为行索引。
- columns：按指定列中的数据进行分组，并将分组结果作为列标签。
- values：（可选）需要进行汇总统计的列数据。
- aggfunc：（可选）需要进行的统计计算类型（默认为统计频率）。
- margins：添加行/列（小计），默认为 False。

为便于演示 crosstab()的运行效果，参考 5.4.2 小节中的【例 5-15】，先将 usa_2018 进行气温单位转换（由华氏温度转换为摄氏温度）以及离散化，如下面代码所示。

```
bins = [-1000,-40,-20,-10,0,15,20,30,40,1000]
labels = ['极寒','酷寒','深寒','轻寒','凉','温','热','酷热','极热']
usa_2018['气温分类'] = pd.cut(usa_2018['AvgTemperature'], bins, labels = labels)
```

【例 6-27】按城市统计 2018 年美国城市不同气温分类出现的次数，运行结果如图 6-17 所示。

```
pd.crosstab(usa_2018['City'], usa_2018['气温分类'])
```

仔细观察图 6-17，会发现使用 pivot_table() 也能实现【例 6-27】。事实上，crosstab() 和 pivot_table() 在透视表功能上没有本质上的区别，其主要的差异在于以下几点。

（1）crosstab() 可用于 DataFrame，也可用于 np.ndarray 数据。pivot_table() 只能用于 DataFrame。

（2）crosstab() 支持 normalize 参数，便于计算百分比，如【例 6-28】。pivot_table() 没有类似的功能。

（3）crosstab() 默认计算频率。pivot_table() 默认计算平均值。

（4）crosstab() 一次只能进行一种统计计算。pivot_table() 支持同时进行多个统计计算。

（5）一般来说，如果是生成同样的数据透视表，crosstab() 的运行速度比 pivot_table() 快。

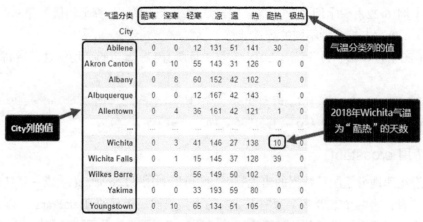

图 6-17 【例 6-27】运行结果

【例 6-28】按城市统计 2018 年美国城市不同气温分类的百分比，运行结果如图 6-18 所示。

```
pd.crosstab(usa_2018['City'], usa_2018['气温分类'], normalize='index')
```

如果使用 pivot_table() 或者 groupby() 来实现【例 6-28】，则需要编写代码计算各个分类占比，而 crosstab() 只需要设置 normalize='index'，即可自动计算分类占比（按行）。其他可选的 normalize 参数值包括 columns、all，分别表示计算每个数据占所在列之和、数据集所有数据之和的百分比。

【例 6-29】按城市、月份统计 2018 年美国属于 New York 州的城市不同气温分类出现的次数。

```
new_york_2018 = usa_2018.query('State=="New York"')
pd.crosstab([new_york_2018['City'],new_york_2018['Month']], [new_york_
2018['气温分类']])
```

此例中设置 index=[new_york_2018['City'],new_york_2018['Month']]，表示将 City 列和

Month 列作为多级索引，具有与 pivot_table()中的 index 参数相同的作用。

气温分类 City	酷寒	深寒	轻寒	凉	温	热	酷热	极热
Abilene	0.0	0.000000	0.032877	0.358904	0.139726	0.386301	0.082192	0.0
Akron Canton	0.0	0.027397	0.150685	0.391781	0.084932	0.345205	0.000000	0.0
Albany	0.0	0.021918	0.164384	0.416438	0.115068	0.279452	0.002740	0.0
Albuquerque	0.0	0.000000	0.032877	0.457534	0.115068	0.391781	0.002740	0.0
Allentown	0.0	0.010959	0.098630	0.441096	0.115068	0.331507	0.002740	0.0
...	...	...	...	...	...	...	...	...
Wichita	0.0	0.008219	0.112329	0.400000	0.073973	0.378082	0.027397	0.0
Wichita Falls	0.0	0.002740	0.041096	0.397260	0.101370	0.350685	0.106849	0.0
Wilkes Barre	0.0	0.021918	0.153425	0.408219	0.136986	0.279452	0.000000	0.0
Yakima	0.0	0.000000	0.090411	0.528767	0.161644	0.219178	0.000000	0.0
Youngstown	0.0	0.027397	0.178082	0.367123	0.139726	0.287671	0.000000	0.0

图 6-18 【例 6-28】运行结果

【例 6-30】按城市、月份统计 2018 年美国属于 New York 州的城市最高日均气温。

```
pd.crosstab(new_york_2018['City'],new_york_2018['Month'],
values = new_york_2018['AvgTemperature'], aggfunc=np.max)
```

与【例 6-26】代码中的 pivot_table()相比，【例 6-30】中的 aggfunc 参数只能设置一个值，如 np.max。如果调用 crosstab()时设置 aggfunc=[np.max, np.min]，则代码运行出错。

6.4.4　练习

【练习 6-10】按月显示 2000 年所有德国（Germany）城市的月均气温。

【练习 6-11】按城市显示 2000 年所有德国城市的最高以及最低月均气温。

【练习 6-12】显示所有国家的年均气温。

【练习 6-13】按年份、城市统计所有欧洲（Europe）城市各类气温出现的次数（气温分类方法参考【例 6-27】）。

【练习 6-14】按年份、月份统计 2000—2005 年所有德国城市各类气温出现次数的百分比（只计算当月占比）。

6.5　项目总结

作为全球气温变化趋势项目的数据多维化实践环节，本项目介绍了数据的拆分与拼接、数据透视表，重点关注数据拼接的类型、数据透视表的按需定制等知识技能点。通过对本项目内容的学习，读者应能掌握如下数据分析技巧。

- 常用的数据拆分与拼接操作，包括 split()、merge()、join()、concat()的使用。
- 数据透视功能的实现，包括 pivot_table()、crosstab()的使用方法，以及复杂数据透视表的实现。

Python 数据分析（项目式）

数据分析利用数据来解决问题，其核心目标是为科学决策提供正确的建议。虽然数据分析的主要工作为处理和查询数据，但是其最终目标为发现事物的运行规律，为解决实际问题提供数据支持。因此，需要利用人工智能、机器学习、深度学习等技术对数据进行学习与分辨，挖掘事物规律，实现从数据分析到规律发现的转变。下一项目将介绍与人工智能、机器学习、深度学习相关的基础知识与技能，包括模型创建、模型训练、模型分析、模型调优等内容。

机器学习实战部分

项目 七 机器学习实战——模型的自我学习

通过对前面内容的学习，读者应该已经对数据分析的工作范畴、工具使用、常用技巧有了初步了解，并通过练习积累了大量的实战经验。数据分析的"物质"基础是海量数据，其最终目的为从数据中挖掘和发现人类社会经济活动的运行规律，而基于计算机的机器学习技术为实现这个目的提供了强大高效的手段。数据分析与机器学习、人工智能不是完全不相关的关系，而是相互依存、相互促进的关系。本项目聚焦于数据分析与机器学习的关联，以一个具体的神经网络实战案例（手写数字识别案例）展示机器学习过程中数据分析技术的应用，包括数据预处理、卷积神经网络创建、模型参数调优、模型运行结果可视化展示等技术。通过对本项目的学习，读者应能初步掌握数据分析技术在机器学习领域中的拓展运用，并了解数据分析学科在广泛的人工智能范畴中所处的位置。

项目重点

- 了解数据分析与人工智能、机器学习的关系。
- 了解机器学习的主要领域与模型。
- 了解神经网络的基础知识。
- 了解卷积神经网络（Convolutional Neural Network，CNN），并实现一个基础的 CNN。
- 输入数据、运行并调试神经网络。
- 评估模型效果，并将评估结果进行可视化呈现。

7.1 项目背景

随着互联网技术的高速发展以及各类移动设备的快速普及，网络已经成为当今社会经济活动中不可或缺的一部分。通过充分利用网络的便利性、即时性、广泛性等特点，越来越多的活动转为线上开展，如在线学习、在线社交、在线购物、在线娱乐等。在享受网络带来的便利的同时，必须注意到虚拟网络世界可能引起的各类问题，如网络安全问题。不同于实际生活中的面对面交流，网络用户只需"虚拟"在线即可进行交流，因此身份验证过程成为保障网络用户在线交互行为安全、顺利、正常开展的首要环节。各类网站除了使用身份验证来建立与普通用户之间的信任关系之外，还需识别潜在的"非人类"用户，如各种爬虫程序、自动注册程序、自动下单系统等。这些"非人类"用户可能会消耗过多的系统资源来获取有价值的数据与信息等，对系统的正常运行造成潜在的干扰。因此，目前网站普遍采用人机测试系统来判断其是否为真实的用户。图 7-1 所示为两种常见的人机测试手段，均要求用户展示人类容易实施而机器较难实施的操作。

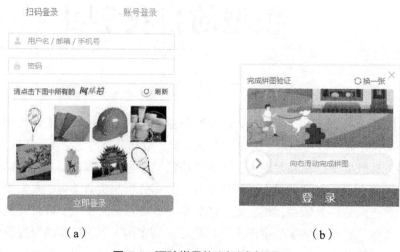

图 7-1　两种常见的人机测试手段

　　最早的人机测试可以追溯到 1950 年的图灵测试。1950 年，艾伦·图灵（Alan Turing，以下简称"图灵"）设计了一个图灵测试（最初名字为"模仿游戏"），用来测试一台机器是否具有和人类类似的智能化行为。测试的过程为被测试机器模仿人类的交流方式与内容，与一个人进行文字交流，并由另外一个独立的人类评委根据文字交流内容来判断其中哪一方是机器。如果人类评委无法确定被测试机器的身份，则表示机器具有类似人类的智能化行为。图灵测试的本质为以人类的智能水平作为参考标准，验证一台机器的智能水平所能达到的高度。图灵测试已经诞生超过 70 年，其形式在如今高速发展的人工智能技术背景下不断地演化，并具有重要的现实意义。例如，测试一个智能问答系统是否具有足够高的智能化水平来帮助用户发现和解决问题；识别和发现线上系统的用户是否为自动机器人（Bot，即为某一特定目的设计的自动运行程序，如网络爬虫程序、自动注册程序、自动搜索程序等），避免发生自动注册、群发垃圾邮件、基于字典的破解密码等行为。

　　图灵测试的一个简化版本为完全自动化的人机的公共图灵测试（Completely Automated Public Turing Test to Tell Computers and Humans Apart，CAPTCHA），即以人类很容易实现而机器较难实现的任务来判断测试对象是否为机器。图 7-1 展示的两种人机测试手段均属于 CAPTCHA。一个著名的 CAPTCHA 为 2007 年杰里米·埃尔森（Jeremy Elson）等人提出的基于动物种类图片识别的受限访问（Animal Species Image Recognition for Restricting Access，ASIRRA）测试，从狗和猫的照片合集里面识别猫的照片。人类在 ASIRRA 测试中可以在不多于 30 秒的时间内实现 99.6% 的准确率，而当时杰里米·埃尔森预言机器达到人类准确率的概率小于 1/54000。2013 年，ASIRRA 测试被 Kaggle 用于机器学习竞赛，当年达到了 80%

的准确率（使用 SVM 模型）。之后，不断有研究人员和参赛队伍对 ASIRRA 测试进行各种尝试，并利用 CNN 达到 98.7%的准确率。因此，ASIRRA 已经不再适用于 CAPTCHA，因为机器的识别水平与人类已经相差无几。

随着与人工智能相关的计算机软硬件技术的快速发展，一些机器学习领域的经典案例，如鸢尾花分类、猫狗照片识别、MNIST（手写数字识别）等，已经得到充分研究，这些案例具有适中的数据量、较为明确的目的、灵活的实现方法、成熟的模型调优方法，这些特点使得其适合作为机器学习的入门案例。因此，本项目后续实践环节将采用 MNIST 案例，利用机器学习中强大的工具——神经网络，识别和分类手写阿拉伯数字图片，展示 Python 数据分析技术在机器学习领域中的综合运用技巧，并帮助读者了解和熟悉从数据预处理、模型建立、模型调优到结果可视化的完整处理流程。

7.2　技能图谱

人工智能（Artificial Intelligence，AI）作为计算机科学领域的一个分支，在"互联网+"和大数据的时代浪潮中显现出其巨大的潜力和蓬勃的活力。媒体新闻、商业活动、生活交流、影视作品中大量出现人工智能、机器学习、神经网络等相关词汇，使得人们对其"熟悉无比"，而又仿佛隔着毛玻璃，无法窥见其实质。因此，本项目将先介绍相关背景知识，包括人工智能、机器学习、数据分析相互之间的关联，技术手段的先进性与局限性，人工智能与机器学习的主要应用领域与场景，机器学习的核心手段——神经网络的基础理论等，帮助读者理清相关概念之间的区别与联系，为后续的案例实战打下理论知识基础。本项目的实战部分将采用 MNIST（Modified National Institute of Standards and Technology Database）数据集，利用合适的神经网络，演示利用机器学习模型进行问题求解的全过程。图 7-2 所示为本项目涉及的主要内容。

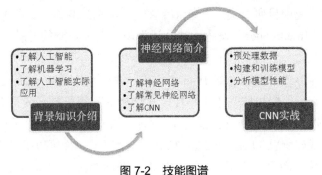

图 7-2　技能图谱

7.3　背景知识介绍

人工智能已成为当前社会经济生活中的一个热门话题，与其相关的资讯与新闻随处可见，其真实含义由于被过度关注与解读而变得模糊不清。因此，本节将介绍人工智能的历史、人工智能的目标、人工智能的范畴、人工智能的局限性等相关背景知识，帮助读者了解人工智能相关的概念以及熟悉人工智能知识与技能体系，为后续实操案例打下理论基础。

Python 数据分析（项目式）

7.3.1　了解人工智能

1997 年，人工智能开始进入大众的视野。这一年，国际商业机器公司（International Business Machines Corporation，IBM）开发的深蓝超级计算机在国际象棋比赛中战胜了俄罗斯顶级选手加里·基莫维奇·卡斯帕罗夫（Garry Kimovich Kasparov），举世瞩目，引发了机器与人之间的竞争性关系的话题。2016 年，谷歌 DeepMind 研究团队开发的机器学习程序 AlphaGo 在围棋比赛中以 4∶1 的总比分击败了世界顶级围棋选手李世石，再一次激起了全世界范围内关于人工智能的热议。人们开始关注人工智能的新闻，试图解读人工智能的发展与应用，带着一丝"敬畏"的复杂情感观察着人工智能——这个在人类引以为傲的智能领域对人类发起挑战的首个"非生命智能体"。事实上，自古以来，出于对自我、生命、智能的不断思索和探究，人类一直在遐想具有智能的其他生命形式，并采用神话故事、文艺作品等各种方式抒发对其他智能生命的理解。例如，中国古代文艺作品里面的吹毛变猴和撒豆成兵皆可以看成朴素的智能体畅想，体现了人类对智能体与人之间关系的思考与假设。

1. 人工智能的定义

早期的智能体设想更多地出自人类对自身生命本质的一种模糊认知，在无法得知生命、智能的具体演化过程与内部机制的基础上，人类采取"简单粗暴"的方式把人类自身的智能设定直接赋予非生命体，憧憬其具有与人类类似的智能行为，期待其能成为人类在浩瀚宇宙中的另一类朋友。随着现代医学、计算机技术的不断深入发展，人类开始认真面对实现自古即有的智能幻想的可能性，在试图保存其文艺属性的同时，又用现代科学的发展成果赋予其一种真正科学意义上的可行性，并利用切实可行的技术手段开始实际创造"非生命智能体"。1956 年 7 月—8 月，在美国新罕布什尔州汉诺威镇的达特茅斯大学举办的达特茅斯人工智能夏季研究项目研讨会上，来自麻省理工学院的约翰·麦肯锡（John McCarthy）首次提出"Artificial Intelligence"概念，被公认为现代人工智能的开端。虽然 1956 年才第一次提出人工智能概念，但实际上自 1940 年已有不少来自不同领域的科学家开始从理论上探索人工智能的具体形式和实现，如 1943 年沃伦·麦卡洛克（Warren McCulloch）和沃尔特·皮茨（Walter Pitts）提出的基于生物神经元结构的计算机神经元概念，被认为是现代神经网络的开山之作；1945 年 7 月，范内瓦·布什（Vannevar Bush）在《大西洋月刊》上发表的科技名篇《诚如所思》（*As We May Think*），设想了一种可以提升人类知识与技能的机器；1950 年，艾伦·图灵提出了人机测试概念，开始探讨不同类型智能行为之间的对比与区分。

约翰·麦肯锡首次提出人工智能概念，而其具体定义由卡耐基梅隆大学的马文·明斯基（Marvin Lee Minsky）给出：构造一种计算机程序，使得一些需要人类智能才能胜任的任务也可以由其实现，如感知学习、内容组织和关键过程推理等。自此开始，不同的研究者给出了众多的人工智能定义，但仍基本沿用马文·明斯基的定义框架，只是在具体目标与理论架构上有着多元化的理解。例如，《牛津英语词典》（*Oxford Dictionary of English*）定义人工智能为"计算机系统相关的理论与技术发展，使其能胜任通常需要人类智能的任务，如视觉处理、语言理解、决策推理以及语言翻译等"；《韦氏词典》(*Dictionary by Merriam-Webster*)将其定义为"对人类智能进行模拟的一个计算机科学领域，使得机器具有模仿人类行为的能力"；《不列颠百科全书》(*Encyclopedia Britannica*)定义人工智能为"一种数字计算机或者自动机器人具有的能力，使得机器能如一个智能生命体开展行动"，其中智能生命体指能适应不断变化的环境的生命体或者物质。

虽然对人工智能的定义有多种解读，但人工智能的终极目的和意义却几乎获得一致的认可，即人工智能的出现、发展和完善最终应该为人类服务，提供经济发展的新动力，提高人们的幸福感。同时，人工智能的发展也遵循一般自然规律的调节，其从诞生到实现上述最终目的需要经历一个从初级到高级、从简单到复杂、从被动发展到自主发展的过程。因此，依据发展历程，人工智能可以被分为狭义人工智能（Artificial Narrow Intelligence，ANI）和通用人工智能（Artificial General Intelligence，AGI），其定义分别如下所述。

（1）狭义人工智能：狭义人工智能指专注于某种特定任务或者问题的人工智能，如棋类比赛、图片分类、语音识别等。狭义人工智能既不具备自我认知能力，也不具有任何感知能力。即使一部分人工智能系统具有远超人类的某种能力，但是其能力受到代码处理能力的严格限制，如一个专用于围棋比赛的人工智能系统不适用于图片识别问题，而人类却没有这方面的限制。这类人工智能系统被称为弱人工智能，因为其并没有超越甚至达到人类的智能水平，且不能进行自主学习和自适应变化的环境。虽然具有上述限制性，但狭义人工智能在特定任务和领域仍然具有强大的处理能力，尽管这种能力的获取、提高、进化受限于代码的处理逻辑，并不是通过自我不断学习新知识而获得。一个弱人工智能的例子是日常生活中常见的虚拟助手，如 Bixby（三星助手）、Siri（苹果手机助手）、小娜（Windows 助手）。上述虚拟助手可以在一定程度上与用户进行交流，甚至看上去似乎和一个真实的人"并无两样"，然而它们并不能真正理解聊天内容，只是严格按照程序设计好的逻辑进行"问答"。

（2）通用人工智能：与狭义人工智能相比，通用人工智能指能实现人类智能活动的系统。因为具有和人类相似的智能行为，即决策、学习、交流等能力，甚至包括看、听、闻等生物能力，所以这类人工智能系统也被称为强人工智能。不仅限于此，人们期待通用人工智能系统能真正具备类似人类的综合性智能，包括推理、总结、抽象、想象、预测等能力，实现自我决策、自我评估、自我提升等，在面对错综复杂问题的时候，能依据以往数据或者经验，形成对现实、问题、方法、概念的自主认知和提出创造性的解决方案，从而适应复杂多变的环境。目前通用人工智能仍然处于构想和设计阶段，并预计在可见的将来能够实现人类赋予其的美好期待。

2. 人工智能系统的组成

一个完整的人类智能行为实现不仅仅需要大脑的中枢指挥作用，同时还必须得到手、足、耳、鼻、眼等的协同合作，甚至需要心、肺、激素、肌肉等的积极响应。同样，人工智能系统也不是一个功能单一的系统，一个完整的人工智能系统包括数据输入、数据处理、学习模型、学习方法等组成部分，其各组成部分的功能分别由大数据、数据挖掘、机器学习和深度学习实现。

Python 数据分析（项目式）

（1）大数据：大数据指海量的结构化和非结构化数据。大数据的"大"特性使得对其进行相关的数据分析、信息提取等工作需要借助计算机技术及人工智能高效处理。大数据技术应用的一个典型案例是阿里巴巴公司。阿里巴巴发布的 2020 年财报显示，2020 财年（2019 年 4 月至 2020 年 3 月底）阿里巴巴全球年度活跃用户达到 9.6 亿，中国零售市场的年度活跃用户数为 7.26 亿。据 statista.com 网站统计，2020 年 11 月 11 日阿里巴巴集团实现单日 23.2 亿订单数。面对庞大的用户群体、海量的在售商品、极大的交易量等压力，如何保障和提升用户体验，如为买家提供更快速方便地寻找和定位感兴趣商品的方式，帮助卖家实现低廉精准的产品推广，为交易双方提供安全便捷的交易手段等，成为阿里巴巴保持竞争力的一个重要影响因素。上述服务质量的提升都依赖于大数据和人工智能的实际应用。一个典型的用户体验提升技术为依据用户的浏览数据以及过往交易记录，预测用户潜在感兴趣的商品，从而实现合适准确的商品推荐。巨量的用户行为数据与交易数据使得上述的商品推荐服务更符合用户需求，提升了用户的满意度以及交易意愿。更精准的商品推荐模型包括更大范围的用户行为跟踪技术，如 Netflix 公司收集用户在浏览网站时的搜索和评分行为，浏览特定网页、特定内容时所花费的时长，是否会重复访问某些页面等数据，试图更好地理解用户想法及预测用户意愿。

（2）数据挖掘：与大数据技术相伴的是数据挖掘技术，它聚焦于如何从大数据中挖掘和发现数据之间的关联以及数据变化的规律。数据挖掘属于计算机技术与统计学科的交叉领域，综合利用人工智能发现与提取规律，为社会经济生活的更好开展提供有效的参考。数据挖掘的基础在于大数据。例如，由于其天然具有的用户数据收集便利性，电商网站积累了海量的用户行为数据，并以此为基础充分利用数据挖掘技术来完善商品推荐服务。假设一个用户购买了一台笔记本电脑，则系统可能会推荐电脑包、扩展坞等相关商品，因为系统通过订单数据发现购买了笔记本电脑的用户购买这些类型的产品的概率较高。类似这样的模型的有效性取决于大数据的完善性以及人工智能算法的先进性。

（3）机器学习（Machine Learning，ML）：机器学习注重开发和完善一个具有自我学习能力的系统，从而在无须人类过多干预的情况下提高系统性能。机器学习指利用相关算法来分析数据，识别数据中的模式，做出合理预测，并且上述过程只需一个特定的模型及少量的支持代码，即能实现不断自动输入数据、分析样本、发现特征、调整参数、评价模型、优化模型等功能，最终达到提升模型性能的目的。机器学习与人工智能之间的关系犹如手段与目标之间的关系，人工智能为智能化提供指引和远景，而机器学习则为人工智能的远景实现提供强有力的技术手段和实现方法。机器学习已经被应用到日常生活中的许多领域，并在一些领域为人们带来了极大的便利性，如车牌自动识别系统、人脸识别系统、无人商超系统、无接触支付系统等。

（4）深度学习（Deep Learning）：作为机器学习诸多方法中的一种，深度学习聚焦于模拟人脑的学习、推理、判断等机制，创建一个与人脑结构（即神经元及其形成的神经网络）类似的"人工神经网络"，从而提高机器学习的效率与性能。深度学习被证实在与人类行为相关联的一些领域具有较大的性能优势，如文本分类、语音识别、图像识别等，并且可以通过集成上述不同领域的模型实现更高级别的智能任务，如自动驾驶、语音助手等。例如，在对海量道路照片、交通标志照片、街景照片、人类驾驶行为照片、各类车型照片进行学习的基础上，自动驾驶系统能自动识别道路、标志、行人、车辆、建筑物等目标，实现驾驶、导航、避让等核心功能，达到接近人类驾驶员的智能程度。

除了深度学习之外，机器学习还包括回归模型（如线性回归）、概率模型（如马尔科夫链）、分类模型（如支持向量机）等。图7-3所示为人工智能、机器学习、深度学习之间的关系。

图 7-3　人工智能、机器学习、深度学习之间的关系

3. 人工智能的应用领域

机器学习与深度学习的出现与发展大大扩展了人工智能的应用范围，不但提升了人工智能在传统的专家系统、问答系统、数据预测等领域的性能，而且还促进了人工智能在计算机视觉、语音识别、自然语言处理等领域的成功应用，帮助人工智能由实验室的设想走入实际的社会生活，创造出丰富的商业机会与提供多样的生活便利性。其中，计算机视觉是一类用途广泛的人工智能应用领域，在"看到"图像的基础上，能理解图像内容，并进行分离、识别、跟踪等处理，具备人类大脑具有的视觉理解能力，关注对图像内容的深度理解与智能化处理。不同于人工智能加持之前的视觉技术，计算机视觉试图更全面地分析一幅图像，对输入的图像数据进行定性和定量分析，获取相关的颜色、物体、类别等特征，从而达到"看懂"图片的目的。当前一个热门的计算机视觉应用领域为自动驾驶技术，如特斯拉公司的产品，其不仅需要依据各种特征进行物体识别，同时还需要这种分析、识别、处理过程必须在极短时间内完成，这样才能满足实时驾驶的严苛要求。

除了常见的计算机视觉领域，人工智能在网络系统中的重要作用也日益凸显，为在线交易、信息安全、欺诈检测提供强大的技术支持。越来越多的网站开始使用智能客服技术为客户提供售前咨询、售后服务、常见问题解答等功能，提升了客户的使用体验，减轻了人工客服的工作负担。不少银行使用人工智能来检测各类欺诈行为，利用历史积累的大量欺诈交易与正常交易样本集对欺诈检测系统进行训练，从而使其具备检测已知欺诈行为的能力，并在可预见的未来具备发现未知的、新型的欺诈行为的能力。不仅银行需要这样的异常检测能力，随着网络与经济活动的紧密结合以及在线办公、在线交易、数据共享的高速发展，公司、组织、政府部门也需要具备这样的能力，因为它们不得不面对越来越多的数据窃取、黑客入侵、系统攻击、恶意程序泛滥等威胁。日益复杂的网络平台、系统架构以及越来越庞大的用户、数据规模，使得系统安全人员需要依赖人工智能技术来快速、有效地进行攻击检测、损失处理、危机预防等工作。经过有效训练的高鲁棒性人工智能系统能不间断地检测网络数据、发现异常、自主处理不同类别的攻击威胁，成为网络安全架构的一个关键组成部分。

随着相关技术的快速发展，人工智能的应用范围也随之扩散和渗入一些传统领域，为这些领域注入创新发展动力，如医疗领域。人工智能在疾病辅助诊断、检测结果分析、医疗资源优化、大范围传染病防范、新型药物研发等方面都展现出蓬勃的发展前景，推动基于人工智能的新型医疗系统的普及，促进医疗资源的高效运转。医疗系统不断地产生和累积海量诊断数据与用户信息，如果利用大数据与人工智能对这些数据进行充分的分析与利用，则能为医生诊断提供有针对性的辅助，既能减轻医生的日常工作压力，又能帮助医生做出更准确的诊断。2018 年秋，谷歌人工智能医疗护理部门的研究员提出了 LYNA 系统，这一系统通过对大量已染色的淋巴组织样本进行学习，实现了基于淋巴活检样本的转移性乳腺癌的检测。与人类医生相比，LYNA 系统的一个优势在于能发现人眼无法轻易发现的细微图像细节，从而能更好地帮助医生寻找和定位可能的异常区域，将平常所需的诊断时间减少 50%，并在两个肿瘤数据集上取得 99% 的正确率。

除了在样本诊断方面具有强大的辅助作用，人工智能在大范围的流行病防控领域也具有广阔的前景。人工智能能帮助医疗部门分析和定位易感染人群、高风险人群的特征和分布，提供防护指引，降低流行病的传染速率，大幅减轻医疗系统的压力。2017 年，平安科技联合重庆市疾病预防控制中心发布了我国首个基于大数据和人工智能的流感、手足口病传染病预测模型及慢阻肺危险因素筛查模型。该流感预测模型自 2018 年起上线应用，可提前一周预测流感流行趋势，具有超过 90% 的准确率，成为国内首个上线实测的传染病预测模型。

生物信息学、基因组学、电子病历和人工智能的发展促进了精准医疗时代的到来。遗传特征在个体之间具有很大差异，如果利用人工智能对大量人群的遗传数据进行机器学习分析，则能实现个性化的饮食建议和药物治疗优化方案，提高各种疾病诊治的准确率与成功率。人工智能加持的精准医疗技术将开发出更多针对性强的新型药物，减少患者由于用药不恰当而产生的副作用，降低无效甚至有害药物之间的相互作用。精准医疗的一个关键技术为基因组重测序技术，它对有参考基因组物种的不同个体进行基因组测序，并可以在此基础上对个体或群体进行差异性分析。基因组重测序主要用于辅助研究者发现各类变异类型，将单个参考基因组信息扩增为生物群体的遗传特征。全基因组重测序作为全基因组关联分析的基础，在人类疾病和动植物育种研究中广泛应用。全基因组重测序与人工智能的结合为精准医疗时代提供了强有力的技术支持和广阔的发展前景。

纵观人工智能的发展历程，从最早的关于"人类智能朋友"的无穷想象，到对人脑神经元工作原理的"粗糙"模拟，以及 2010 年以后的深度学习技术的突破带来的蓬勃发展，都体现了人工智能旺盛的生命力。图 7-4 所示为现代人工智能的简要发展历程。自 20 世纪 50 年代提出相关概念开始，人工智能在 70 多年的发展历程中经历了演化与变革。计算机数据处理能力在 2010 年之后的突飞猛进，以及各类海量数据的快速累积，为人工智能提供了完善的发展平台和强大的工具手段，极大地扩大了深度学习的应用范围，促使人工智能由自我学习阶段跨入全新的自主学习阶段，朝通用人工智能的最终设想前进了扎实的一步。在赞誉人工智能技术为经济生活带来革命性变革的同时，我们还需要注意技术的发展不是一帆风顺的，发展同样会遭遇低潮和波谷，如 1980 年和 1993 年前后两次的人工智能冬天（Artificial Intelligence Winter）。由于前期对人工智能寄予了过高的期望，在计算机处理技术没有达到一定高度以及相关理论没有实现突破性发展的背景下，人们开始质疑人工智能的前景，对其从热切的期盼转为悲观的预测，导致后续研发资金枯竭、相关项目被大幅缩减、研究人员群体之间弥漫着消极情绪等问题，致使人工智能的发展经历了两次"冰冻"时期。值得庆幸的是，在这样不利的气氛下，仍然有很多专业学者正视技术发展的曲折性，坚守内心的信念，默默地奉献研究热情，才有了冬天之后姹紫嫣红的春天，才有了目前人工智能为经济生活各方面带来的翻天覆地的变革。现在的人工智能不是终点，而是新一代人工智能的起点，代表人类自古以来对智能丰富的解读与憧憬。

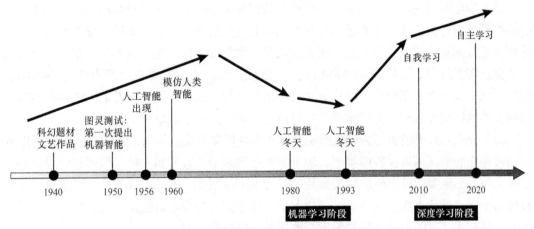

图 7-4 现代人工智能的简要发展历程

7.3.2 了解机器学习

机器学习是人工智能的一个分支领域，主要目标为理解数据中隐含的结构与信息，从而对未来的数据进行拟合和预测。虽然机器学习是计算机科学的一个领域，但它不同于传统的计算方法。传统计算方法中利用算法（一段实现具体任务的计算机指令）来计算或解决问题，其核心在于算法过程的设计、提高与完善，缺少对输入数据进行深入的分析和解读的能力。机器学习偏重对数据样本本身的分析，使用包括统计分析、回归、神经网络在内的多种工具来发现、定位、寻找适用于特定要求的数据特征与规律。因此，机器学习能够从样本数据中建立、评估和优化模型，并实现对未来的数据的自动化决策。

虽然最近 10 年机器学习及相关概念才受到热切的关注，但其主要原理和技术方法却于几十年之前就已经确立：用计算机技术来加速数学与统计学问题的处理过程。机器学习可以被认为是一种独特的计算机编程方式。传统算法需由人类事无巨细地指定每个运行步骤的所有细节，而算法则"死板"地按照既定的处理逻辑一成不变地运行，不管输入的数据是否发生变化。因此，传统算法缺乏自我进化、自我演变的能力。机器学习只需要人类设计基本算法，其后的运行、效果评估、模型优化等过程将自主进行，不需要或者只需要少量的人类指导干预。机器学习的"魔力"在于能够对数据本身进行学习，发现数据中蕴含的显性或者隐性规律，并以此为基础建立、评估、完善数学模型，从而更准确地预测未来数据。对传统算法而言，数据集仅仅作为一个输入，不影响算法逻辑本身的运行效率与效果；而对机器学习而言，数据集具有重大意义，其质量高低对模型质量有着不容忽视的影响。

作为对数据集进行学习的方法，机器学习的核心过程为使用数据集对模型进行训练。

依据训练方法的不同，机器学习可以分为监督学习、无监督学习、半监督学习和强化学习。监督学习中的数据集中的每个样本都具有分类标签（Label），因此可以为机器学习提供一个先验的指导作用。监督学习是机器学习最常用的形式，而无监督学习应用更为广泛。接下来将讨论每类机器学习的具体含义。

监督学习需要包含分类标签的数据集，将数据的分类标签作为事先确定的正确预测结果，从而计算模型预测结果与正确预测结果之间的差异，"监督"相关参数的学习与修改过程，逐步构建合适的模型。例如，一个图片数据集中含有不同种类动物的图片，其中出现的动物种类均已被标注。如果已标注的数据集具有足够的样本数，则监督学习将构建一个适合给定数据集的模型，使模型正确分类的样本数量最大化。建立机器学习模型的意义在于适应现实世界中的新数据，并能对其进行正确的预测，这种预测能力即模型的泛化能力。例如，一个基于动物图像分类的监督学习模型能处理一张新的图片，并能对图片中出现的动物正确地识别和分类。监督学习主要包括分类和回归两个领域。

（1）分类：分类的目标为确定给定样本数据的所属分类。例如，判断一张 X 透视图片中是否存在肿瘤区域以及肿瘤类型，识别视频中出现的人脸所属个体，检测材料表面是否存在裂痕等。这类问题都能被转换为是/否（是否存在肿瘤，是否存在裂痕）或者分类（人脸所属个体，肿瘤类型）问题。一般情况下，用于训练的样本数据量越大，模型具有的泛化能力就越强，就能更好地预测未来新数据的所属分类。

（2）回归：回归的目标为找到输出变量（也被称为依赖变量）与一个或多个输入变量（也被称为独立变量）之间的关系。使用回归的例子包括未来的公司盈利预测、气温预测、人口增长速度预测等。

回归和分类都属于监督学习，均使用标记数据训练对应的模型，并对新数据样本做出预测。两者的主要区别为模型输出的数据类型，回归模型的输出为数值数据或其他连续数据，而分类模型的输出是类别数据或离散数据。输出数据的区别使得两者具有不同的特性，如分类预测可以用准确性来评估，而回归预测不能；回归预测可以用均方根误差来评估，而分类预测不能。同时，有部分算法可以同时用于分类和回归，如决策树和神经网络等。常见的回归模型包括线性回归、多项式回归、支持向量回归（支持向量机的前身）、决策树回归、随机森林回归、Lasso 回归、Logistic 回归等。

和监督学习相比，无监督学习则是对没有标签的数据进行学习，并在没有人类干预指导的情况下对数据进行自主分类。例如，给定一个新闻数据集，一些新闻是关于科技的，一些新闻是关于旅游的，另外一些新闻是关于金融的，但是所有新闻样本都没有标签，即没有指定每条新闻所属类别。无监督学习将通过自主学习，寻找每类新闻的特征，并将新闻进行相应的归类，如将频繁出现"盈利""公司""关税"等字眼的新闻归类为金融新闻。这种类型的无监督学习称为聚类分析，即将具有相同特征的数据聚成一类。除了聚类分析，无监督学习的另外一个常见应用为降维。接下来将简要介绍两者的主要概念。

（1）聚类分析将数据集中的数据样本划分为若干类，依据特定度量方法将相似度高的样本数据归于一类，避免将相似度低的样本数据划为同一类。简而言之，聚类分析的目的是将具有相同特征的数据聚合在一起。聚类分析的应用非常广泛，例如，市场营销中对不同消费群体的营销策略，生物学中对植物和动物的分类，顾客对商品的评价分等。图 7-5 所示为聚类分析的一个具体示范。聚类分析可以分为硬聚类和软聚类：硬聚类将每个数据分配到一个唯一的类，而软聚类将数据分配至多个类别并分别计算对应的概率。例如，生物学中的动植物分类属于硬分类，一个样本只属于一个特定的植物或者动物类别；而营销对象的分类属于软分类，一名顾客可能既属于随机消费型，也属于社交消费型。为解决不同的问题，常见的聚类分析模型包括连通性模型（Connectivity Model）、质心模型（Centroid Model）、分布模型（Distribution Model）和密度模型（Density Model）等。

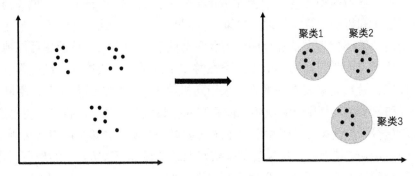

图 7-5 聚类分析示范

（2）机器学习分类问题往往需要处理数目众多的分类因素，即通常所称的特征变量，如一名客户的特征信息可能包括数量庞大的个人信息、消费记录、过往贷款记录等。一个特定的问题往往只需用到其中一部分特征信息，如果需要评估该客户的个人信用，则会重点考虑消费记录、过往贷款记录及个人信息中职业、收入等相关数据；如果需要预测该客户购买特定产品的概率，则需要考虑其消费记录以及个人信息中的地域信息、职业信息、爱好信息等。大数据技术的发展以及数据的快速累积导致数据越来越庞大和复杂，大幅增加机器学习中的特征变量数量，致使分类过程中出现耗时长、所需存储空间过大、过拟合等问题，因此需要使用降维来识别和保留独立的特征变量，剔除关联特征变量，从而降低特征数量。一个降维范例是垃圾邮件识别算法，其常用的方法为将邮件正文里面出现的词语作为邮件的特征，从而将判断是否属于垃圾邮件的问题转换为检查邮件里面是否存在足够多代表"垃圾信息"的词语。一封邮件里面可能存在各类词语，如朋友、生日、汇款、游戏、狗、猫、赔率等。其中有些词语具有较强的垃圾邮件指示作用，如汇款、赔率、游戏等；有些词语的指示作用较弱，如生日、狗、猫等；还有一些词语不具备指示性，如语气词、助动词等。一个垃圾邮件识别系统会适当"忽视"指示性较弱的词语，而重点关注指示性强的词语，因此能够显著降低邮件的属性数量，提升处理速度和提高预测准确度。常用的降维算法包括主成分分析（Principal Component Analysis，PCA）、线性判别分析（Linear Discriminant Analysis，LDA）和广义判别分析（Generalized Discriminant Analysis，GDA）等。

半监督学习结合了监督学习与无监督学习的特点，同时使用有标记和无标记的数据进行训练，通常情况下学习少量有标记的数据和大量无标记的数据（因为更容易获得无标记的数据，且获取成本更低）。半监督学习允许通过少量标注的样本数据来快速训练一个模型，降低模型的构建成本和提高构建速度，被广泛应用于多种行业场景，如语音分析、蛋白质序列分类、网页内容分类等。由于数据量极其庞大（如网页内容）或者需要较多的人工推断与干预（如音频识别和蛋白质序列分类）等原因，所以获取全部标注的数据较为困难。

作为机器学习中的最后一个分类，强化学习通常应用于机器人、游戏和导航等领域，利用尝试、错误发现等方法来确认产生最大回报的行动，训练机器学习模型，使其具备多种决策能力。强化学习模型有 3 个主要组成部分：智能代理（Agent）、环境（与智能代理互动的外界设置）和行动（智能代理的决策），如图 7-6 所示。当处于一个不确定的、潜在的复杂环境中时，智能代理会从环境中学习各种策略和行动方法，从而尽可能地实现一个给定目标。强化学习的学习过程类似于人类在游戏中的学习、决策、行动过程。对于一个陌生的游戏环境，游戏玩家通常的策略是采用随机搜索、多次尝试与试错、不断修正等手段方法，学习和熟悉游戏规则，并使游戏体验和回报最大化，如更高得分、更短通关时间、更多的隐藏彩蛋等。与此类似，强化学习系统会设置一个奖励政策（即游戏规则），对各类行为进行奖励或惩罚，从而通过反复尝试来获得问题的最优解决方法，实现最大化总回报。初始阶段，强化学习通常会采用完全随机的"尝试性"行动，通过奖惩策略、大量搜索和尝试等方法，高效地收集和学习"行为"经验，做出一系列能获取最大回报的决策。随着计算机系统基础处理能力的高速发展，强化学习的性能也得到了大幅提升，使其能被实际应用在自动驾驶技术、智能医学等领域。自动驾驶技术面临着错综复杂的行驶环境，甚至可能是全新未知的环境，因此需要做出实时高效的系列决策，如保护行人、避免碰撞、提高乘坐舒适度等。另外一个强化学习的实际应用案例为斯坦福神经肌肉生物力学实验室设计的一种先进而精确的肌肉骨骼模型，它能自动识别人们的行走模式，并利用强化学习对自身行为进行快速有效调整，使移动更容易、更安全、更自然。虽然这个模型目前处于试验阶段，但是为人工智能、深度学习、强化学习的创新应用开启了广阔的前景。

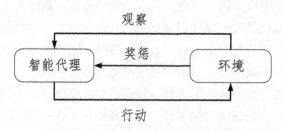

图 7-6　强化学习模型主要组成部分

作为人工智能的一个重要实现途径，机器学习在最近 40 年内经历了高速的发展，获得了广泛的应用。从基于面部识别技术的快速身份鉴别，到基于移动支付手段的快捷交易，都利用了机器学习高效准确的智能处理能力。人工智能的发展与完善已经深入地影响社会、经济、生活的方方面面，为人类活动提供了一个全新的展望。下一小节将介绍人工智能在不同领域的实际应用。

7.3.3 了解人工智能实际应用

人工智能在实际生活中的应用可以被罗列成一个长长的列表，除了耳熟能详的人脸识别、生物特征识别、自动驾驶、语音识别、文字翻译、商品推荐、入侵检测等应用，还在一些细分领域的应用能大大提升人们的日常生活体验，包括搜索信息时的自动补全功能、撰写文档时的拼写校正功能、虚拟助手等。接下来将一一介绍上述创新型应用。

自动补全或单词补全是一种预测用户未来输入文本、可能感兴趣的信息的技术，被广泛应用于电子商务网站、搜索引擎、文字处理、语音识别与输入等。当用户输入一部分关键词时，自动补全会对后续的搜索信息进行预测，"猜测"用户可能感兴趣的信息，如图7-7所示，输入"人工智能"时，会出现"人工智能物联网""人工智能的历史""人工智能的未来趋势"等。自动补全利用人工智能分析相关数据，如用户当前的搜索关键词、用户的搜索历史、用户其他相关的搜索记录（如同一社交群体的成员、购买了相同商品或浏览了类似网页的用户等）等，为用户提供尽可能准确的搜索建议，从而节省输入时间，提高用户体验。一个不容忽视的现象是自动补全可能会减慢用户输入和搜索查询的速度，因为用户需要花费更多时间来查看和选择相关的推荐信息。然而，自动补全的意义不仅仅在于降低用户的输入复杂度，还体现在指导和帮助用户构建更准确的搜索，缩小用户的搜索访问范围，避免过于宽泛的搜索查询。

图 7-7 搜索信息时的自动补全功能示例

与自动补全功能类似的另外一个人工智能应用为拼写校正，又称为自动更正、文本校正或修正拼写错误等，可为用户提供替代的文本或自动更正被认为"拼写错误"的文本。根据卡耐基梅隆大学交互界面设计教授布拉德·迈尔斯（Brad Myers）的说法，修改输入文本的概念可以追溯到20世纪60年代。当时，一位名叫沃伦·泰特尔曼（Warren Teitelman）的计算机科学家发明了"撤销"命令，同时提出了一个名为D.W.I.M（Do What I Mean）的计算哲学，即"按我的意思做"。泰特尔曼认为，与其让计算机只接收格式完美的指令，不如让它们帮助识别明显的错误数据。如今，很难想象一个没有聊天、搜索、网页浏览以及提供各类服务的应用程序的世界，计算机系统以及相关的服务已经渗透到社会的各个方面。每天人们都要处理大量的信息录入、编辑、处理等工作，因此不可避免地存在打字错误、拼写错误、语法错误等问题。拼写校正能够帮助人们发现和自动更正文字处理中出现的这些问题。简单的拼写校正利用字典来实现校正功能，如自动将 "iphone" 转换为 "iPhone"、"学厉"改为"学历"等。但是基于字典的拼写校正无法发现语法问题，如"愉快的说""渊博的学问和经验""She are"等。上述例子中每个词均正确，但是其组合方式违反了人类语言的一些特定规则。利用最新的自然语言处理技巧，如深度神经网络和序列-序列转换模型，可以更准确地定位语法问题，并提供合适的校正建议。

最后介绍一个人工智能在实际生活中的隐藏应用，即各种智能助手，如苹果公司的 Siri、微软公司的小娜、百度公司的小度等。智能助手也被称为虚拟助手或数字助手，是一种能够理解自然语言语音命令、分析各类数据和提取相关信息、自动为用户完成任务的应用程序。常用的智能助手使用案例包括处理简单的语言请求，如"今天天气如何""播放流行音乐""显示今天的日程"等。一个复杂的智能助手使用场景需要用到多种处理技术，例如，一个用户对智能手机说出"明天上午 9 点在会议室 101 开会"，虚拟助手能够将语言转换为对应的文本，并对文本进行信息提取和关系分析，最后智能地在日历里面添加相应的日程及提醒事项。智能助手能实现的一些其他任务还包括记录口述文字、朗读文本或电子邮件信息、查找电话号码、安排日程、拨打电话和提醒终端用户有关约会等。这些任务过去由私人助理或秘书执行，而智能助手的出现减轻了人类助手的工作负担，提高了处理效率，节省了人力成本。随着移动互联网的普及与人工智能的发展，未来的智能助手可能演化为一个集约化的通用智能助手网络，除了提供常规的个人日常任务处理，还将实现与物联网的互通融合，集成智能家具控制、智能防盗系统、智能家庭助理等，提供一个一站式的智能助手解决方案。另外，未来的智能助手将具有更强的语义和语境理解能力，即能够更好地理解人类语言，如"最美味的食物"或"适合 8 岁小朋友的运动"，从而能更自然流畅地与人类进行沟通交流。

7.3.4　练习

【练习 7-1】搜索相关信息，列举并设想人工智能在交通、教育、餐饮领域的应用。

【练习 7-2】设想并讨论通用人工智能给人类社会带来的变革。

【练习 7-3】讨论人工智能的广泛应用会对哪些职业的发展前景、哪些岗位的就业造成冲击。

【练习 7-4】列举受益于人工智能发展的领域和岗位。

7.4　神经网络简介

神经网络和深度学习是计算机科学的热门研究领域，目前为图像识别、语音识别和自然语言处理中的许多问题提供了最佳解决方案。神经网络，更确切地说是"人工神经网络"（Artificial Neural Network，ANN），由最早的神经计算机发明者之一的罗伯特·赫克特-尼尔森博士（Dr. Robert Hecht-Nielsen）提出："……一种计算系统，由许多简单的、高度互联的处理单元组成，这些处理单元通过它们对外部输入的动态响应来处理信息。"

神经网络可以被看作一种计算模型,这种模型的灵感来自人类大脑中生物神经网络处理信息的方式。人类大脑的基本结构单位为神经元, 数量大约为 860 亿个, 通过数量为 10^{14} 到 10^{15} 之间的突触进行互连, 构建成一个复杂的神经网络。神经元利用突触接收其他神经元传递的信息, 对信息进行特定处理, 然后再次利用突触将处理结果传递给下一个信息处理单元 (即与之连接的其他神经元)。所有的神经元个体以及相互之间的连接构成一个 "超级计算机"。数亿年的进化调整使得人类大脑适合综合处理各类输入信息, 如视觉信息、语音信息、触觉信息等。以人类视觉为例, 识别图 7-8 所示的手写数字对大部分人而言不是难事, 因为人类大脑以一种目前还没有被完全理解的方式接收、处理、综合、理解、反馈眼睛看到的信息, 并且这样的处理流程都是在无意识中完成的。但是, 对于试图 "模仿" 大脑神经元工作模式的神经网络, 识别手写数字则变得困难重重。人类大脑能捕获数字的一

图 7-8　手写数字范例

些关键特征, 如数字 0 可能是形状各异的封闭圆, 或者一个存在缺口的不规则形状, 甚至还有可能中间多了一笔。用常规计算机算法表达上述特征比较困难, 因为计算机程序适合精确的处理, 给定一个圆的数学公式, 可以很快地计算出相关数据, 如面积; 但如果给定一个形状, 计算机很难判断其是不是圆形, 因为计算机无法理解 "什么是圆" 这样的问题。

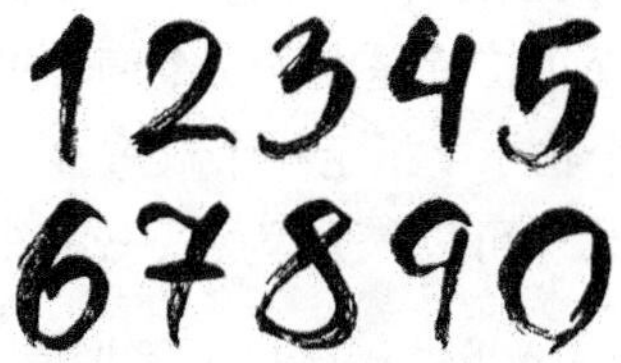

神经网络以不同的方式处理这个问题, 将大量的手写数字作为训练样本, 样本范例如图 7-9 所示, 利用这些样本进行自我训练和自我学习, 最终从样本中提取手写数字的特征。基于获得的数字特征, 神经网络可以对新的手写数字图片进行自动识别和推断。增加训练样本的数量可以帮助神经网络 "见识" 和了解更多不同的笔迹, 从而有效提高手写数字识别的准确率。虽然图 7-9 只展示了 200 个训练样本, 但随着计算机基础处理能力的大幅提升, 如大规模并行 GPU (Graphics Processing Unit, 图形处理单元) 的出现, 神经网络能够在合理时间内处理数百万甚至数十亿个训练样本, 大幅提高手写数字的识别率。

图 7-9　手写数字训练样本范例

7.4.1　了解神经网络

神经网络的基本组成单元为感知器，用来模拟人类神经元的工作原理，1957 年科学家弗兰克·罗森布拉特（Frank Rosenblatt）提出其对应的数学模型：一个感知器接收若干个输入数据，如 $x_1, x_2, \cdots$，并产生一个输出 y。图 7-10 所示的感知器模型接收两个输入，分别为 x_1 和 x_2，并给出一个输出 y。一般来说，一个感知器可能有 1 个或多个输入。弗兰克·罗森布拉特提出了一个简单的规则来计算感知器的输出，为每

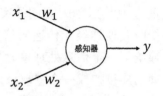

图 7-10　感知器模型

个输入 x_i 指定一个权重 w_i，表示 x_i 对输出 y 的影响度。因此，图 7-10 所示的感知器的数学原理可以表示为：$y = x_1 w_1 + x_2 w_2$。如果一个感知器接收 n 个输入，则其数学公式为：

$$y = x_1 w_1 + x_2 w_2 + \cdots + x_n w_n = \sum_{i=1}^{n} x_i w_i。$$

感知器的工作原理可以理解为通过权衡条件来做出决定。例如，一个房产营销系统需要预测一名购买者对特定房产的购买倾向，假设简化后的影响购房者购买意愿的属性有以下 2 个。

（1）该房产所处区域的平均价格。

（2）该房产到最近公共交通站点的步行时间。

用 x_1 和 x_2 分别表示上述两个属性取值，用 w_i（即权重）表示 x_i 对最终购买决策的影响程度，则购房者对一套房产的购买意愿受 x_1（所处区域的平均价格）和 x_2（步行时间）的共同影响。通过一个房产成交数据集对图 7-10 中的感知器进行训练，它将学习并获知 x_1 和 x_2 对购买决策的影响程度，得到一个最大程度符合成交数据的权重值（即 w_1 和 w_2），从而挖掘和发现购房者对 x_1 和 x_2 的敏感性差异。当输入一套新的房产信息时，感知器将能够根据权重值计算一名潜在购房者对这套新房产的购买意愿，从而帮助营销人员选择合适的营销策略。

需要注意的是，利用不同数据集进行训练，感知器得到的权重值是不同的，即感知器能自动"拟合"不同的价格估算方法。如果分别利用两个数据集进行训练，其中一个数据集 D_1 中大部分样本都是价格敏感型购房者的成交记录，另外一个数据集 D_2 中大部分样本都是改善型购房者的成交记录，则 D_1 训练得到的 $w_1^{D_1}$ 可能会大于 D_2 训练得到的 $w_1^{D_2}$（$w_1^{D_1} > w_1^{D_2}$），而 w_2 取值与 w_1 相反（$w_2^{D_1} < w_2^{D_2}$），表示价格敏感型购房者更注重区域平均房价，而改善型购房者更注重通勤时间的长短。给定两套房产 F_1（$x_1 = 10000$ 元/m^2，$x_2 = 10$ 分钟）和 F_2（$x_1 = 8000$ 元/m^2，$x_2 = 20$ 分钟），价格敏感型购房者更倾向于选择 F_2，而改善型购房者可能对 F_1 更感兴趣。

上述的感知器是一个经过简化的模型，在实际使用时会存在一些问题，如 y 的取值范围可能为 $-\infty \sim +\infty$，y 与 x_1 和 x_2 之间存在过强的线性关联，等等。这些问题会妨碍用感知器来模拟现实物理世界中的非线性关系，因此需要引入一个激活函数，一方面限定 y 的取值范围；另一方面为 y 带来"变数"，使 y 不再刻板地遵循数学公式计算结果。激活函数模拟生物神经元的激活模式，生物神经元存在激活和非激活两种状态，当神经元处于激活状态

时，它会发出电脉冲来影响相连的其他神经元。从数学角度进行考虑，在感知器的后半部分加上一个激活函数，可以提高感知器模型的"拟合能力"，使得模型有更强的表达功能。以上述的房产购买意愿估算为例，即使同一名购房者（w_1 和 w_2 取值确定）面对两套 x_1 和 x_2 取值完全相同的房产，也不表示这名购房者对这两套房产有相同的购买意愿，其决策过程可能会受到一些无法量化的因素影响，如当时的情绪状态、天气情况、与中介的沟通交流情况等。感知器利用一类被称为激活函数的附加模型对这种非线性的决策过程进行一定程度上的模拟，从而更好地拟合真实的物理世界。图 7-11 所示的感知器模型在图 7-10 所示模型的基础上加入了激活函数，并模拟展示了两个影响因素及其对应的权重。常用的激活函数有 sigmoid、tanh、ReLU、Softmax 等，需根据具体问题选择合适的激活函数。

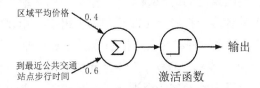

图 7-11 加入激活函数后的感知器模型

感知器只能模拟输出与输入之间的线性关系或简单的非线性关系，但是实际物理世界中存在大量的非线性关系以及隐藏关系。以上述的预测房产购买意愿系统为例，一个更全面的影响购买决策的因素列表包括以下因素。

（1）区位因素：不仅指一套房产的特定自然地理位置，还指与其相联系的社会经济位置，即所处区域的自然因素和人文因素的总和。区位因素包括区域定位、地租水平、位置、交通、周围环境和景观、外部配套设施等。

（2）实物因素：指房产本身具备的经济属性，如建筑规模、外观、建筑结构、装饰装修、层高和净高、朝向、楼层、空间布局、外部配套设施等。

（3）权益因素：指房产具有的法律属性，包括抵押状态、使用管制、容积率、房产用途、租金水平等。

当一个感知器面对以上所有的因素输入时，如同一名购房者面对几十甚至上百个限制条件，会迷失于过多的细节中，导致其做决策时出现主次不分和顾此失彼等问题。当面对复杂选择时，一个可行的决策模式为将房屋属性按照类型、关注程度进行分类，并通过权衡分类后的相对结果进行最终决策，如投资性购房者注重房产的权益因素、单身购房者注重实物因素、家庭购房者注重区位因素等。显然，上述各类购房者的购买意愿不仅取决于其重点关注的因素，也会受到其他因素的影响，只是重要程度不同而已。上述决策过程没有直接利用所有输入进行计算，而是"隐式"地创造中间"隐藏"状态，如组合计算租金、房产用途、周边区域性质等因素获取权益估算，组合计算户型、朝向、装修等因素获取实物估算，并综合平衡这些中间"隐藏"因素，最终做出一个理性决策。"隐藏"状态的产生是因为影响因素不是相互独立的，而是互相影响和关联的，能被进一步地分类聚合成大类，并对最终结果产生共同的影响。需要注意的是，同一个因素可能会影响多个"隐藏"状态的计算，如租金水平会影响区位因素和权益因素、外部配套会影响区位因素和实物因素等，并且可能具有不同的影响权重。现实的物理世界中存在大量类似的"隐藏"状态，如地球上生命的进化历程，从最原始的无细胞结构生命到各种高级生命形态的进化历程不是一蹴而就的，而是经历了原核生物、真核单细胞生物、多细胞生物等多个中间状态。中间隐藏状态决定下一段历程的方向与演化程度，并通过不断累积中间状态到达最终状态。

通过对上述复杂条件下的购房决策过程进行分析可知，一个或多个没有分类组合的感知器无法实现对多个影响因素进行分组和聚合，因此需要构建一个多层的感知器网络模型，模拟决策过程中的"隐藏"状态，从而更好地模仿人类的智能行为。图 7-12 所示为一个由多层感知器构成的 3 层神经网络（为避免模型过于复杂，图 7-12 中只显示了一部分的影响因素），其层次分别为输入层、隐藏层、输出层。输入层用来输入影响因素，即 x_i。隐藏层用来捕捉购买意愿与各影响因素之间的隐藏关系。输出层用来最后估算购买意愿的高低。神经网络的每层均由一个或者多个神经元（即感知器）组成，相邻层之间的神经元会一一进行互连，如输入层的"容积率"神经元会连接隐藏层的所有神经元，即"区位因素""实物因素""权益因素"神经元，表示"容积率"神经元的输出会同时作为隐藏层 3 个神经元的输入。两个相邻层的神经元之间的连接会被赋予一个权重，表示上一层神经元的输出对与其连接的下一层神经元输出的影响程度。注意，"容积率"对应隐藏层 3 个神经元的权重各不相同，表示"容积率"对隐藏层神经元的不同影响程度，如"容积率"对"权益因素"的影响程度较高（权重为 0.3），对"实物因素"的影响程度较低（权重为 0.05），而对"区位因素"完全没有影响（权重为 0）。需要说明的一点是，为方便读者理解神经网络的隐藏层神经元的含义，图 7-12 为各个隐藏层神经元指定了有具体含义的名字，而实际应用中的神经元并不需要命名。再者，各边的权重由神经网络通过训练获得，不需要人工指定，因为神经网络具有自主学习和发现的能力，从而大大减轻了模型设计者的工作负担。最后，作为图 7-12 中神经网络的输出，"估算购买意愿"可以被理解为一个位于[0，1]区间的数值，其数值越靠近 1，则表示潜在购买意愿越强烈。

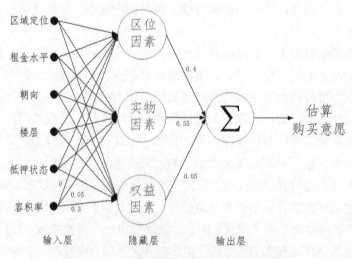

图 7-12　一个房产价格估算的神经网络模型

图 7-12 中神经网络的正式名称为人工神经网络,其运算方式为从左往右进行逐层计算,输入层接收输入数据,将简单处理后的数据传递给隐藏层的神经元。输出层对隐藏层的输出进行权衡和计算,最终输出购买意愿的一个估算值。隐藏层在神经网络中处于核心地位,其强大的处理能力体现为在复杂、抽象的层次上捕捉输出与输入之间的隐含关系,从而能够更好地表达物理世界中的关联,如购房决策中的对不同影响因素的分类权衡。

上述有关神经网络的讨论忽略了一个要点:既然神经元之间的连接权重均影响最终的输出结果,那么神经网络如何计算这些权重?如何确信某些权重值能比其他权重值更好地模拟人类的一个智能决策行为?这些问题可以用一个蹒跚学步的婴儿抓取物品的行为进行类比。当一个婴儿的可视范围之内出现其感兴趣的物品,如颜色鲜亮的、发声的或不断运动的玩具,婴儿会本能地去尝试抓取这些物品。一个抓取动作的成功执行需要大脑、眼睛、四肢等协调配合,而一个出生几个月的婴儿并不具备这样的协调能力,因此有赖于人类在漫长的进化历程中演化获得的一项核心能力——学习能力的帮助,促使婴儿通过不断试错和调整来实践抓取行为,并最终获得期望的结果。观察一个婴儿的抓取行为,会发现其由以下阶段组成。

(1)试错阶段:婴儿朝目标方向伸出手。鉴于其眼、脑、手的配合度不高,此次的抓取行为大概率不成功,手与目标之间的距离可能会比较远。

(2)反馈阶段:婴儿的大脑会对目标方位与手掌的目前方位进行匹配,判断手掌与目标的偏差方位情况,以及计算大致的偏离距离。

(3)调整阶段:婴儿的大脑发出调整信号,按照一定比率对参与抓取行为的手、足、躯干等进行行为修正。一个假设的调整模式可能是手臂向右一点点,躯干向前一点点,足部保持不动。

婴儿会不断重复上述过程,直到成功抓取物品或者放弃为止。

简而言之,婴儿抓取行为的成功执行需要不断地试错、反馈和调整,涉及 3 种不同的机制的协作:眼睛负责给出正确的目标方位,手、足、躯干负责实施抓取行为,而大脑负责总体的综合、计算、判断、调整等功能。并且,上述阶段的重复执行不一定是"一帆风顺"的,可能会经历多次的"挫折"与"失败",如第一次尝试的时候偏右 2cm,反馈调整后变为偏左 3cm,再下一次变为偏后 2cm。但是,只要眼睛给出的目标方位较为准确(虽然可能存在偏差),大脑计算误差和调整幅度的方法较为正确(虽然计算结果不那么精准),相关肌肉执行大脑给出的调整指令较为严格(虽然实际执行效果不那么理想),当目标处于婴儿的活动范围内时,虽然婴儿手掌与目标的偏差可能忽左忽右和忽前忽后,但总体趋势是偏离度越来越小、距离越来越近,最终实现重合(即目标抓取行为的成功实现)。另外一个可能的结果为当目标处于婴儿的活动范围外时,无论婴儿怎么努力进行尝试、反馈和调整,离目标的距离也不能被逐渐地减小,这时候婴儿会选择放弃抓取。

一个神经网络的训练过程与上述的婴儿抓取行为的执行过程类似,同样也涉及试错、反馈、调整 3 个阶段的不断重复,直到达到预设的目标或者训练失败。

(1)试错阶段:初始阶段随机指定每个权重值,类似于婴儿第一次尝试时动作的盲目性。

（2）反馈阶段：利用损失函数计算具有随机权重的神经网络的输出结果与期望结果之间的偏离度，如同婴儿大脑计算手掌与物品之间的偏离度。以前述的房产购买意愿估算神经网络为例，如果用 1 表示房产交易成功，0 表示交易失败，则损失函数将计算神经网络输出的购买意愿和实际成交情况之间的偏离度。给定一套房产，如果神经网络的输出结果为 1，而实际成交情况也为 1，则偏离度为 0；如果神经网络的输出结果为 0，而实际成交情况为 1，则偏离度为-1。

（3）调整阶段：根据损失函数计算得到的目标偏离度，权重更新算法（及相关的优化算法）对偏离度进行分解，按照一定的规则计算每个权重值的更新幅度，如同婴儿大脑为相关肌肉给出的调整指令及调整幅度。

重复上述过程，期望每次调整权重后输出结果更接近最终目标，直到实现重合（如同婴儿成功抓取物品）或者训练失败（如同物品超出婴儿的抓取范围，婴儿选择放弃）。

对比上述婴儿抓取物品过程与神经网络的训练过程，会发现两者有如下的相似之处。

（1）婴儿的眼睛给出最终目标（方位），神经网络中的最终目标为输出结果最大程度地符合人类的判断（即尽可能地模仿人类的智能行为）。例如，神经网络能正确地区分图片中动物的种类，及时地发现网络攻击行为，准确地将语音翻译为文字，等等。

（2）婴儿的抓取动作涉及相关肌肉的协调执行，神经网络的执行有赖于其所有权重参数的协调配合。

（3）婴儿的大脑按照一定的方式计算与目标的偏差，神经网络利用损失函数（Loss Function）来计算实际输出与期望输出之间的偏离度。

（4）婴儿的大脑将计算获取的偏差进行分解，从而确定肌肉的调整幅度；神经网络利用权重更新算法及各种优化算法对目标偏离度进行分解，最终确定每个权重的更新幅度。

依上所述，神经网络并没有那么"聪明"——基本上只是通过反复尝试来摸索，试图找到数据中的关系。曾经就读于麻省理工学院的吴恩达（Andrew Ng）教授用一个想要下山的徒步旅行者的类比来解释大多数神经网络是如何进行调整和实现最终目标的："我们把一个想象中的徒步旅行者放在不同的点上（一座山上），他所遵循的指令只有一条：只往下坡走，直到你再也走不下去。"（We place an imaginary hiker at different points with just one instruction: Walk only downhill until you can't walk down anymore.）这位徒步旅行者实际上并不知道他的最终目的地，只是四处摸索，寻找一条可以带他下山的路。神经网络的训练过程也是一样的——四处摸索，不断试错和调整，找到做出正确计算的方法，最终达到目的或者失败。

7.4.2　了解常见神经网络

由于其具有自我学习性以及在多个领域展现的良好性能，神经网络被应用到 AI 的多个领域，如计算机视觉、自然语言处理、计算机安全、金融应用等。为了适应要求各异的项目需求，神经网络衍生出各具特色的多种网络，每一种都具有鲜明的特色与独特的优势。下面将介绍常见的几种神经网络，从最初的前馈神经网络，到被广泛应用的循环神经网络和卷积神经网络，以及序列-序列模型等，帮助读者了解神经网络的演化历程。

（1）前馈神经网络（Feedforward Neural Network，FNN）：作为一种最简单的人工神经网络，其数据的流向为输入层→隐藏层→输出层，遵循一个固定方向，从输入层开始单向流动，最后到达输出节点。不同于复杂的神经网络，前馈神经网络没有反向传播，具有一个或者多个隐藏层，通常作为一个部件组合到其他复杂的神经网络中，如循环神经网络和卷积神经网络。前馈神经网络的主要优点在于结构简单，易于使用。

（2）径向基函数网络（Radial Basis Function Network，RBFN）：RBFN 是一种特殊类型的神经网络，适用于非线性分类。通常神经网络中的每个神经元取其输入值的加权和，本质上为一个线性分类器。如果要构造一个非线性的分类器，可以通过组合这些神经元形成神经网络来实现，也可以利用 RBFN。RBFN 的原理为通过计算数据之间的相对"距离"（如常用的欧几里得距离）来确定其相似度。每个 RBFN 神经元存储一个"聚类中心点"，根据训练类型可以人工选择（无监督学习）或者自我学习（有监督学习）中心点的数量与位置。

当输入一个新的数据时，所有神经元将会计算新数据与自身之间的距离（即距离本类中心点的距离），并依据距离远近决定新数据的归类。与前馈神经网络相比，RBFN 的输入层与隐藏层之间不是通过权重和阈值进行连接的，而是通过输入数据与隐藏层神经元之间的距离进行连接的，因此在逼近能力、分类能力、学习速度等方面优势明显，能够逼近任意非线性函数，并克服局部极小值问题。图 7-13 所示为一个典型的 RBFN 结构，其中隐藏层节点 c_i 表示第 i 个聚类中心点，输入层与隐

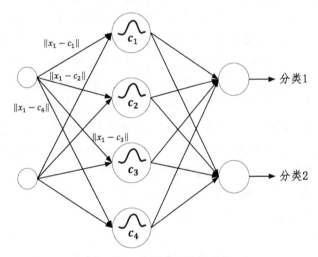

图 7-13 典型的 RBFN 结构

藏层之间的连接权重 $\|x_i - c_j\|$ 用于计算输入 x_i 与隐藏层节点 c_j 之间的欧几里得空间距离。

（3）多层感知器（Multilayer Perceptron，MLP）：MLP 可能具有多个隐藏层，因此其层数为 3 层或更多。MLP 属于典型的全连接神经网络，因为除输出层外每一层中的每个节点都连接至下一层中的每个节点。由于其结构简单、训练速度快，MLP 被广泛地应用在语音识别和机器翻译领域。

（4）循环神经网络（Recurrent Neural Network，RNN）：MLP 与 RBFN 均属于前馈神经网络，其数据流向从第一层开始，依次通过中间隐藏层，最后通过输出层输出计算结果。RNN 是一种较为特殊的神经网络，某一特定层的输出会反馈给输入，因此能够捕捉相邻数据之间的关联，充分挖掘上下文信息。例如，当处理序列字符串"北京大学"时，第一个和第二个处理字符为"北"和"京"，因为"北京"属于常见用语，如果不考虑后续字符串，则会认为目前处理的数据为北京市相关信息，所以整个字符串会被解析为"北京"的"大学"。但是，上述字符串的正确解析结果应该为"北京大学"，其产生错误的原因在于分开

处理"北京"和"大学"时，没有考虑"大学"的上下文信息，即没有考虑"大学"与其之前字符之间的联系。如果在处理"大学"字符串时，能够参考前一步骤的输出信息（即"北京"字符串的信息），则有可能正确地将"北京"与"大学"识别为一个整体。通常，前馈神经网络的数据流向固定，没有反馈的机制，前一个步骤的输出信息不能作为后一个步骤的输入，即上例中"北京"的输出信息不能作为"大学"的输入，因此不适合处理上下文相关的序列数据。RNN 克服了上述问题，在同层神经元之间建立连接，能在一定程度上感知序列中相邻数据之间的关联，从而正确地处理序列数据。图 7-14 所示为一个简单的 RNN，注意隐藏层神经元上的循环箭头。

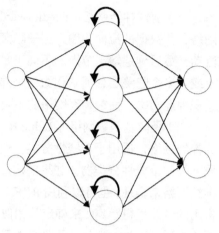

图 7-14　简单的 RNN

（5）序列-序列模型（Sequence-To-Sequence Model，又称 Encoder-Decoder Model）：作为一种特殊的 RNN 模型，序列-序列模型由谷歌公司于 2014 年首次提出，将特定长度的序列数据映射为另外一段特定长度的序列数据，最初目的为提升机器翻译的性能。现实生活中存在大量的序列数据相互之间的转换，如机器翻译、语音识别、智能助理与自动图片标识（即理解图片的内容）等，甚至还可以应用于复杂数学公式的快速运算（如 2019 年脸书公司将其应用于 Symbolic Integration and Resolution of Differential Equations）。以机器翻译为例，对于一个特定语言的字符序列 $x_1, x_2, ..., x_m$，序列-序列模型试图寻找一个目标语言的最有可能的输出序列 $y_1, y_2, ..., y_n$，并满足一定的要求（如尽可能达到人类翻译的水平），如将中文序列"我""参""观""了""北""京""大""学"翻译为英文序列"I""visited""Peking""University"。机器翻译的基本原理为寻找与源序列对应的可能性最大的目标序列，如"北"对应的英文单词可能有"North"（表示方向）、"Beijing"（"北京"的第一个字符）、"Peking"（"北京大学"的第一个字符）等。单独处理字符"北"时，机器翻译并不能确定与"北"对应的英文单词，也许会根据使用频率暂时选择"North"；当处理"京"时，因为机器翻译使用的序列-序列模型属于一种特殊的 RNN，能够记忆之前处理的数据，所以结合之前的"北"，将目标序列更新为"Beijing"；最后当处理"大学"时，结合之前的"北京"，机器翻译将获得最终的目标序列，即"Peking University"。图 7-15 所示为一个简单的序列-序列模型。

（6）卷积神经网络（Convolutional Neural Network, CNN）：CNN 为高效处理海量的图像与视频数据提供了强大的支撑，具有适应高维数据处理、自动提取相关特征、不受几何变换影响等优势，被广泛地用于计算机视觉相关领域。7.4.3 小节将详细介绍 CNN 的原理与结构。

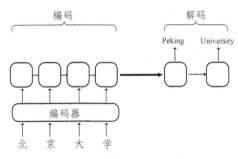

图 7-15　简单的序列-序列模型

　　综上所述，神经网络已经由最初的模拟人脑神经元运转的简单感知器结构演化成为一个包括 MLP、RNN、CNN、序列-序列模型在内的工具大家族，为 AI 中需求各异的众多领域提供强大高效的计算支持，从而使自然语言处理、计算机视觉与机器翻译领域中获得的成果被广泛运用到社会经济生活的众多方面，提高了生活的便利性，推动了经济的发展。接下来，在进行神经网络的实践学习之前，7.4.3 小节将重点介绍实践操作拟采用的 CNN。

7.4.3　了解 CNN

　　CNN 由法国科学家杨立昆（Yann LeCun）在 20 世纪 80 年代末发明，被广泛地应用于计算机视觉，并在图像处理、人脸识别、目标追踪、自然语言处理等领域显示出巨大的潜力。CNN 的主要组成部分包括输入层、卷积层（一至多层）、池化层（一至多层）、全连接层、输出层等，其中的核心层为卷积层与池化层，分别用于进行特征提取与特征降维。CNN 的设计思想为对待识别物体进行多维度的特征分解、提取、识别，从而能够较好地解决不同尺寸、不同方向、不同变换下的同一特征识别问题，其处理过程与人类大脑的处理过程类似。以图 7-16 所示的典型的心理学测试图片为例，CNN 采用的识别方法与人类大脑使用的方法类似。仔细观察图 7-16 中的动物，看到的是一只鸭子还是一只兔子？如果把左边部分认为是一张鸭嘴，则看到的是一只鸭子，同时会把最右边的曲线部分识别为鸭子的后脑勺；反之，如果把左边特征部分认为是两只耳朵，则看到的是一只兔子，并把最右边的曲线部分识别为兔子的脸颊及兔嘴。

图 7-16　一张典型的心理学测试图片

　　上述讨论提示了一个重要的人类大脑处理逻辑，即利用捕获的特征模式进行物体识别，并重点感知物体的轮廓和边缘。即便是具有同样的特征集合，如果特征相互之间的空间关系、位置关系、组合顺序发生变化，也有可能会被识别为不同的物体，如图 7-16 中的相同的轮廓和边缘可以被识别为鸭子或兔子，这取决于如何看待左部特征和右部特征之间的相对关系。CNN 模仿上述人脑识别物体的工作过程，通过特征提取、识别、组合来实现物体识别，如通过训练过程（输入大量相关和不相关的图片）获知鸭子与兔子的不同特征（如颜色、毛发、躯干形状、四肢特点等，甚至还有可能包括不同的生活环境）。这些特征的获取需要用到卷积神经网络中被称为"卷积核"（或简称为"核"）、"滤波器"或"特征检测器"的计算单元。

简而言之，一个卷积核用来检测一个特定的特征，而卷积运算则为将卷积核应用于数据的计算过程。假设给定训练数据[1，1，1，0，0]，需要检测从 1 变为 0 的特征。一个简单的可以用来检测上述特征的卷积核为[1，−1]，将其运用于训练数据，获得图 7-17 所示的特征，并得知第三个与第四个数据具有"从 1 变为 0"的特征。

图 7-17　一维卷积运算示范

可以将卷积运算设想为如下的计算过程：将卷积核作为掩膜，覆盖于训练数据的特定部分，将数据与对应的卷积核参数进行乘法运算，最后对所有属于当前掩膜下的运算结果进行求和。例如，第一次卷积运算，将卷积核覆盖于前两个数据，分别进行相乘，获得 1(1×1)和−1[1×(−1)]，最后进行求和：1+(−1)=0，如图 7-18（a）所示。同理，第二次卷积运算时将卷积核覆盖于第二个和第三个数据，运算结果为 0，如图 7-18（b）所示。第三次卷积运算的计算结果为 1×1+0×(−1)=1，如图 7-18（c）所示。

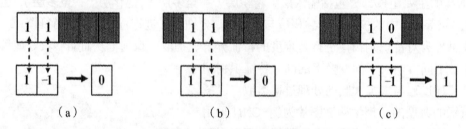

图 7-18　前 3 次卷积运算示范

图 7-19 所示为一个二维卷积运算的例子。作为练习，请读者参考图 7-18 所示的卷积运算过程，自行计算二维卷积运算结果，并思考运算结果的形状与训练数据形状、卷积核大小之间的关系。

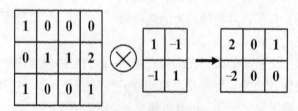

图 7-19　二维卷积运算示范

卷积运算的实质为利用卷积核对训练数据进行转换的一种数学运算，其运算结果为从输入数据中检测出的一个特定特征，如图 7-17 中的"从 1 变为 0"的特征。一个在实际照片中使用卷积运算的例子如图 7-20 所示。

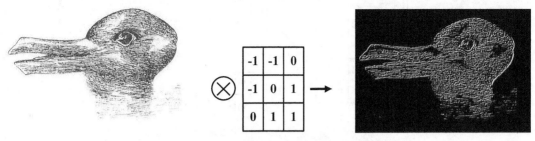

图 7-20　一个在实际照片中使用卷积运算的例子

　　一张彩色图片一般具有 3 个或以上的通道数据，每个通道的数据可以被看成一个二维数据，则可以使用图 7-19 所示的二维卷积运算进行特征提取，再将转换后的 3 个通道数据进行组合，形成一张新的彩色图片。另外一个需要注意的问题是，在图 7-17 和图 7-19 所示的实例中，不同位置的数据参与的卷积运算次数是不一样的，对最终运算结果具有不同的影响权重。以图 7-17 中的数据为例，除了第一个 1 和最后一个 0，其他数据会参与两次卷积运算，因此会对运算结果产生更大的影响。为了避免权重不一致的问题，一个常用的解决方法为对数据边缘进行填充（Padding），使得每个数据参与卷积运算的次数一致，如图 7-21 中虚线框住的两个数据。作为练习，请读者思考两个问题：（1）填充如何影响运算结果的形状大小？（2）图 7-19 中的二维训练数据该如何进行填充？

0	1	1	1	0	0	0

图 7-21　对图 7-17 中的训练数据进行填充

　　关于卷积运算的最后一个问题是卷积运算的运行频率。图 7-18 所示的卷积运算为每次运算结束后向右移动一格，实际操作过程中可以采用一次移动多格的计算方式。这个移动的距离称为"步长"（Stride）。具体采用多长的步长需依据具体的项目需求、需提取的特征特点（如尺度大小、细节）而定。

　　以上讨论了卷积层的一些相关基础知识。一个 CNN 除了包括卷积层之外，还会包括池化（Pooling）层与全连接（Fully Connected）层。池化层按照一定规则合并相邻的数据，实现降维的效果，即减少数据量。有两种常用的池化层：最大池化（Max Pooling）层和平均池化（Average Pooling）层。以最大池化层为例，其从对应数据中选择最大值作为池化结果，如图 7-22 所示的 2×2 池化运算，每一次池化运算覆盖 2×2 的数据部分，第一次池化的数据为[1, 32]与[67, 6]，因此最大池化结果为 4 个数据中的最大值，即 67；第二次池化的数据为[75, 24]与[3, 45]，最大池化结果为 75；第三次池化的数据为[0, 24]与[55, 7]，最大池化结果为 55；以此类推，第四次池化结果为 90。作为练习，请读者自行计算一个 2×2 平均池化层，并将结果与图 7-22 进行对比。需要注意的是，虽然图 7-22 中池化计算的步长为 2，但实际运算中的池化步长应根据需要进行调整。

　　池化层的一个主要作用为减少数据量，虽然其实现效果是建立在"丢失"一部分数据的基础上的。丢失数据并不一定意味着信息的损失，因为丢弃的有可能是无关紧要甚至有害的噪声数据，从而只保留有效特征，缓解模型训练阶段的过拟合问题。

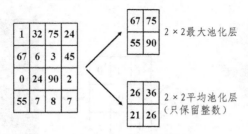

图 7-22　2×2 池化运算

上面讨论了卷积层和池化层，其输出结果一般为多维数据。一个常规的神经网络输出层只接收一维数据作为输入，因此需要将卷积层和池化层的多维数据输出转换为一维数据，并接入最后的全连接层。卷积层和池化层的数量可以根据需要进行自定义，如图 7-23 所示。图 7-23（a）为一个具有两个卷积层的简单 CNN，图 7-23（b）为常见于物体识别的 VGG-16 神经网络结构，其具有 5 个使用了不同大小卷积核的卷积层，分别用来捕捉不同尺寸的特征，然后将每个卷积层的输出结果通过最大池化层作为下一层的输入，最后通过 3 个全连接层输出识别结果。

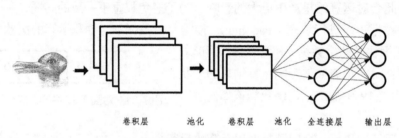

（a）具有两个卷积层的简单 CNN

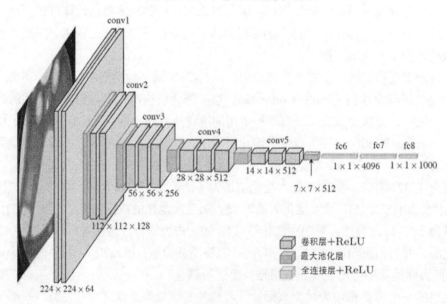

（b）VGG-16 网络结构（选自 Researchgate.net）

图 7-23　CNN 结构示范

142

利用卷积运算及池化操作，CNN 能够较好地应对维度灾难（高分辨率图像）、特征尺度不一、参数数量过多等传统前馈神经网络面临的问题，在计算机视觉及自然语言处理领域中得到了广泛的应用，如物体识别、图像分类、图像描述、文本分类、机器翻译等。作为神经网络的一个实践练习，7.5 节将利用 CNN 解决一个手写数字图片识别问题。

7.4.4　练习

【练习 7-5】尝试用熟悉的工具构建一个简单的 CNN。

【练习 7-6】对比和总结 CNN 与 RNN 之间的区别，并思考这两类神经网络的不同适用领域。

【练习 7-7】除了本节介绍的 VGG-16 网络之外，还有哪些常见的基于 CNN 的神经网络？其各自的结构和特点分别是什么？

7.5　CNN 实战

本节将以 MNIST 数据集为例，利用适合解决图片识别问题的 CNN，讲解利用神经网络解决一个实际问题的完整流程：数据准备、模型创建、模型训练、结果分析。与常规的机器学习项目相比，本节的实践操作省略了结果分析阶段后的模型参数调优过程，因为本书的核心内容为数据分析相关技巧，所以本节将重点关注数据分析技巧在机器学习中的充分应用。尽管本节不涉及模型调优内容，但读者需了解模型调优是机器学习中的一个关键环节，对机器学习模型的训练效率和性能具有重大的影响，因此有兴趣的读者可自行搜索和参考机器学习的相关资料。

MNIST 为一个手写数字图片数据库，包含 60000 个训练样本和 10000 个测试样本，经常被图像识别系统作为性能基准测试用数据库。MNIST 里面的所有样本图片均已经过标准化处理，具有相同的分辨率（28×28），并居中显示手写数字扫描信息。60000 个训练样本包含来自大约 250 个书写者的示例，并且训练样本和测试样本来自不同的书写者。图 7-24 所示为前 10 个训练样本。

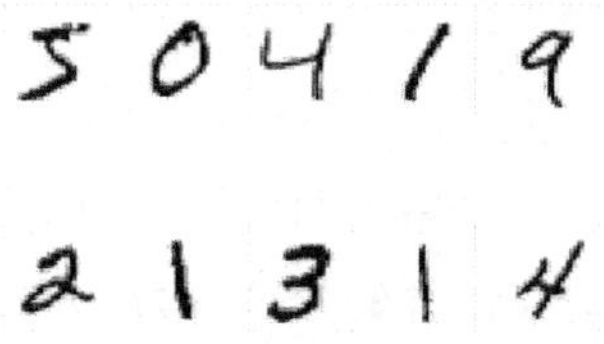

图 7-24　MNIST 样本示例

7.5.1　预处理数据

机器学习的第一个环节为准备训练模型所需的数据，包括数据获取、数据清洗、数据预处理。之前相关章节已介绍数据获取和数据清洗技术，因此本小节将关注与 CNN 相关的数据预处理技术。有多种方法实现一个 CNN，如基于 Keras、基于 PyTorch、基于 TensorFlow 等。不同的 CNN 实现方法对输入数据有不同的要求，因此数据预处理阶段除了包括通用的数据缩放与归一化操作之外，还涉及将输入数据整理为特定的输入格式。图 7-25 所示为针对 MNIST 数据集需要进行的预处理流程。

归一化　　变换形状　　独热编码

图 7-25　预处理流程

Python 数据分析（项目式）

下面将具体介绍预处理代码。首先，引入相关的包。其中，Keras 提供的包用来加载 MNIST 数据集和构建、训练、评估 CNN 模型。

```python
import matplotlib.pyplot as plt
import keras
import numpy as np
from keras import Sequential
from keras.layers import Conv2D
from keras.layers import Dense
from keras.layers import Flatten
from keras.layers import MaxPooling2D
from keras.datasets import mnist
from keras.utils import to_categorical
```

接下来，加载 MNIST 数据集。注意：数据集被自动分类为一个包括 60000 个样本的训练数据集（X_train 和 y_train）和一个包括 10000 个样本的测试数据集（X_test 和 y_test）。代码中变量采用机器学习中常见的命名方式，即样本数据用大写字母 X 作为前缀，如 X_train 和 X_test，而标签数据用小写字母 y 作为前缀，如 y_train 和 y_test。

```python
(X_train, y_train), (X_test, y_test) = mnist.load_data()
```

虽然 MNIST 是一个标准化数据集，不包括错误的、"脏"的、异常的数据，但是检查加载后的数据基本属性仍然是一个必需的环节，这样做能尽早发现数据中可能存在的问题。

```python
X_train.shape          #输出：(60000,28,28)
y_train.shape          #输出：(60000,)
X_test.shape           #输出：(10000,28,28)
```

观察上面代码的输出结果，X_train.shape 为(60000,28,28)，表示共有 60000 张测试图片，每张图片的分辨率为 28×28。y_train.shape 为长度为 60000 的一维数组，对应每张测试图片的分类。例如，y_train[0] = 5，而 X_train[0]对应的图片如图 7-26 所示。

检查数据属性及确保数据正确加载之后，需要对数据进行特定的预处理操作，使其满足模型训练的要求。神经网络要求所有的样本具有相同的大小，而 MNIST 数据集中的样本均具有相同的分辨率，因此满足输入数据大小的要求，不需要进行缩放操作。

另外一个常用的机器学习预处理操作为归一化，其目标为将数据集中的数值缩放到一个公用比例，并在缩放过程中避免扭曲不同取值范围中的差异。如果样本的特性存在不同的取值范围，则归一化处理对提升机器学习模型性能具有正向作用。例如，7.4.1 小节中介绍的感知器模型接收两个特征，即区域平

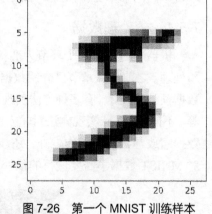

图 7-26　第一个 MNIST 训练样本

均价格和步行时间，其取值范围可能分别为(10000, 200000)和(5, 60)。上述两个特性的取值范围具有较大的差异，会影响模型对数据变化的敏感性，如同样的数值差异，价差 50 对购房意向影响甚微，然而步行时间相差 50 则可能会较大地影响购房意向。归一化通过将不同取值范围缩放到同一个区域，如将房价和步行时间均统一到[0,1]，来减小上述不同取值范围导致的参数敏感性。下述代码展示了如何将图片像素取值范围统一为[0,1]。

```
X_train = X_train.astype('float32') / 255
X_test = X_test.astype('float32') / 255
```

参考上面的代码，请读者自行思考两个问题：（1）为什么需要先进行类型转换？（2）为什么选择 255 作为除数？

到目前为止，针对数据本身的简单预处理过程已完成。本小节项目将利用 Keras 的 Conv2D 搭建 CNN，因此需要将数据整理为 Conv2D 规定的形状，即（*批处理大小,图片高度,图片宽度,图片通道*），其中后 3 个参数为图片参数，而批处理大小为模型训练参数。先查看 X_train 的当前形状。

```
X_train.shape
```

上面代码的输出显示 X_train 的形状为(60000,28,28)。与 Conv2D 的要求相比，缺少第 4 个维度，即图片的通道（这里的通道可以指颜色通道，如 RGB 通道、HUE 通道；也可以指非颜色通道，如 Alpha 通道）。一张 RGB 图片的颜色通道数为 3，而一张灰度图片的颜色通道数为 1。MNIST 数据集样本均为灰度图片，因此需要将 X_train 和 X_test 的形状转换为(60000,28,28,1)和(10000,28,28,1)，如下面代码所示。

```
X_train = np.expand_dims(X_train, axis=-1)
X_test = np.expand_dims(X_test, axis=-1)
X_train.shape                          #输出: (60000,28,28,1)
X_test.shape                           #输出: (10000,28,28,1)
```

对 X_train 和 X_test 转换形状后，数据预处理的最后一个环节为将 y_train 和 y_test 转换为独热编码。独热编码（One-Hot Encoding）又称一位有效编码，用 N 个独立状态位记录 N 种状态，并保证任意时刻只有一个状态位有效。以 MNIST 数据集为例，所有样本的状态集合为 10 个，即数字 0~9，表示每个样本里面的手写数字。

```
np.unique(y_train)                     #输出: [0,1,2,3,4,5,6,7,8,9]
```

转换后的一种可能的独热编码如图 7-27 所示，用 10 个状态位分别记录 10 种不同的状态。状态 0 对应的独热编码中第 0 个状态位为 1，其他状态位为 0，状态 1 对应的独热编码中将第 1 个状态位设为 1，其他状态位为 0。其他状态对应的独热编码以此类推。

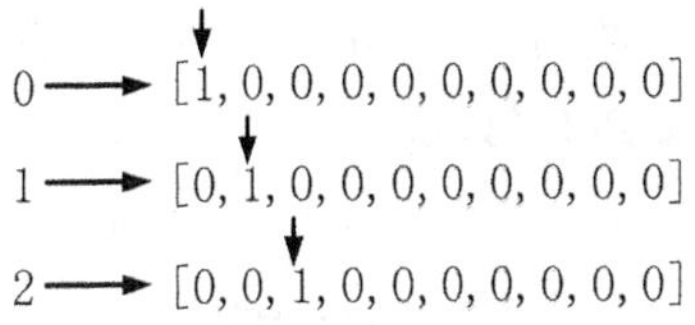

$0 \longrightarrow [1,0,0,0,0,0,0,0,0,0]$
$1 \longrightarrow [0,1,0,0,0,0,0,0,0,0]$
$2 \longrightarrow [0,0,1,0,0,0,0,0,0,0]$

图 7-27　独热编码示意图（部分）

运行下面的代码，查看所有状态对应的独热编码。

```
to_categorical(np.unique(y_train))
```

最后，运行下面的代码，将 y_train 和 y_test 转换为独热编码。

```
y_train = to_categorical(y_train)
```

```
y_test = to_categorical(y_test)
y_train
```

至此，数据预处理中的归一化、形状变换、独热编码操作已经全部完成。接下来将介绍如何使用 Keras 构建和训练模型。

7.5.2 构建和训练模型

作为一个上层框架，Keras 大大简化了神经网络的构建过程，使得模型设计者聚焦于神经网络的逻辑特性，无须过多地关注模型的烦琐底层参数。以构建一个 CNN 为例，Keras 使用者能以搭积木的方式将 CNN 中的卷积层、池化层、全连接层、输出层挨个进行连接，只需设计好每一层的参数即可，而将层与层之间的连接参数完全交由 Keras 设置。这种"积木搭建"方式极大地降低了原型系统的开发难度，提高了模型的构建速度，支持对模型结构的灵活修改。下述代码演示了利用 Keras 搭建一个简单 CNN 的方法。

```
#按顺序一层一层地搭建神经网络
model = Sequential()
#第一层卷积层
model.add(Conv2D(32, kernel_size=(3,3), strides=(1,1), activation='relu',
input_shape=(28, 28,1)))
#每个卷积层后都会跟随一个池化层，用来降维，减少数据量
model.add(MaxPooling2D(pool_size=(2,2), strides=(2,2)))
model.add(Flatten())                          #将多维数据转换为一维数据
model.add(Dense(100, activation='relu'))      #后接一个隐藏层，即全连接层
model.add(Dense(10, activation='softmax'))    #这一层参数一定要注意写对
```

针对上述代码，一些需要注意的事项如下所示。

（1）model.add(Conv2D(32, kernel_size=(3,3), strides=(1,1), activation='relu', input_shape=(28, 28,1)))：此行代码添加一个 Conv2D 层，即卷积层。Conv2D() 的第一个参数为 32，表示共有 32 个卷积核。每个卷积核对应一个样本特征，因此总共检测 32 个样本特征。第二个参数为 kernel_size=(3,3)，表示卷积核大小均为 3×3。第三个参数为 strides=(1,1)，表示卷积运算的步长。第四个参数表示选择 relu 作为激活函数。最后一个参数指定输入数据的形状，表示输入分辨率为 28×28 并且通道数为 1 的二维图片。请读者自行思考 input_shape 参数与 X_train 和 X_test 形状之间的关系。除了 input_shape 参数外，其他参数均可以按需要进行修改。

（2）model.add(Dense(100, activation='relu'))：此行代码添加一个全连接层作为隐藏层，其神经元数量为 100 个。合适数量的隐藏层神经元能提高神经网络特征捕获和表达能力，但是隐藏层神经元并不是数量越多越好，需要依据具体问题进行设定和调整。

（3）model.add(Dense(10, activation='softmax'))：此行代码添加一个输出层，用来识别和分类样本图片对应的手写数字。MNIST 数据集中的所有样本分类数只有 10 种（即 0～9），因此将 Dense() 的第一个参数设定为 10，即 CNN 最终输出结果包括 10 个分类信息。

构建好 CNN 模型后，对模型进行编译，为后面的模型训练做准备。

```
opt = keras.optimizers.rmsprop(lr = 0.0001, decay=1e-6)
model.compile(loss=keras.losses.categorical_crossentropy, optimizer=opt,
metrics=['accuracy'])
```

本例中使用 RMSprop 方法优化 CNN 的训练过程。RMSprop 属于梯度下降优化方法，其他同类的方法还包括 Momentum、Adagrad、Adam、SGD 等。读者可以自行修改优化方法并对比其效果。除了指定优化方法之外，本例中指定交叉熵损失函数（categorical_crossentropy）作为损失计算方法，用来衡量模型输出结果与正确结果之间的距离（参考 7.4.1 小节中关于神经网络训练的例子）。最后，compile() 的 metrics 参数指定模型评估指标为 accuracy（准确率）。设置 compile() 的 metrics 参数的好处在于方便获取模型训练过程中产生的中间结果，帮助设计者了解模型的动态特性。7.5.3 小节中将利用 metrics 参数获取和展示模型的动态特性。

当模型编译顺利完成后，接下来进行模型训练操作，如下面代码所示。

```
batch_size = 50                      #批处理大小，即同一批次训练的图片数量
epochs = 10                          #重复训练次数
history = model.fit(X_train, y_train, batch_size=batch_size, validation_
split=0.2, epochs = epochs, verbose=1)
```

fit() 方法中的 batch_size 和 epochs 参数的作用如代码中注释所示。batch_size 参数值越大，训练速度越快，但是可能会降低模型性能。一般来说，随着 epochs 参数值的增大，模型的性能会逐步提升，但是到达性能上限后不会继续提升，甚至可能下降，因此需要结合后续的模型评价环节确定合适的 epochs 参数值。fit() 中的 validation_split 参数指定数据集中划分为验证集的比例。本例中将 X_train 中 20% 的样本划分为验证集，将剩下的 80% 的样本划分为训练集。验证集用来评估模型的结构，即超参数的设置（如隐藏层神经元数量、卷积核数量、卷积核大小等）是否合理，并初步评估模型性能。最后，使用 history 变量保存模型的训练信息，以供后续的模型分析过程使用。

参考下面展示的模型训练过程的输出信息（部分），得知总训练样本数为 48000 个（$60000 \times 80\%$），训练集上损失值由最初的 0.9182 逐步降低至 0.0136，准确率由 0.8905 逐步提高到 0.9964，表示模型在训练集上的性能逐步提高；同样，模型在验证集上的损失值和准确率也展示出和训练集同样的变化趋势，表示模型结构较为合理。

```
48000/48000 [==============================] - 11s 219us/step - loss:
0.9182 - accuracy: 0.8905 - val_loss: 0.3533 - val_accuracy: 0.9393
   Epoch 2/10
48000/48000 [==============================] - 10s 218us/step - loss:
0.2285 - accuracy: 0.9556 - val_loss: 0.2222 - val_accuracy: 0.9588
   …
48000/48000 [==============================] - 10s 218us/step - loss:
0.0182 - accuracy: 0.9942 - val_loss: 0.1607 - val_accuracy: 0.9766
```

```
Epoch 10/10
48000/48000 [==============================] - 10s 218us/step - loss:
0.0136 - accuracy: 0.9964 - val_loss: 0.1539 - val_accuracy: 0.9779
```

7.5.3 分析模型性能

虽然训练模型是一个关键环节，但是更为重要的环节是评价模型面对未知新数据时的"表现"，即模型的泛化能力。一个机器学习模型也许能够很好地"记忆""理解""判断"它所看到的样本，如 7.5.2 小节中的训练输出结果显示其在训练集上的最高准确率达到0.9964。但是，构建模型的实际意义在于其是否能够有效处理未知样本，并做出符合自然规律或人类智能标准的预测。过度地训练模型会导致模型过度地熟悉训练数据（即过拟合），从而不能有效提高模型的泛化能力。过拟合类似于过度地使用经验主义：当一个人熟悉某种行为模式，其在面对新事物、新环境、新世界的时候，会不由自主地套用之前的行为模式，尽管这种行为模式不一定能很好地适应变换后的环境。机器学习模型容易陷入"经验主义"的陷阱：训练阶段的模型具有自我调整能力（调整和修正参数），而一旦训练阶段结束，模型结构和模型参数将保持固定，亦即模型的"经验"被固化；面对后续输入的新样本时，模型只会利用已有的固化的"经验"进行推断，而不会通过学习新样本来更新、判断、整合自身经验，即不会学习"新经验"。因此，评价机器学习模型性能的一个基本要求为使用全新的、不同于训练样本集的测试样本集来评估模型的适应能力。最后，评价模型性能的指标主要包括准确率（Accuracy）、精准率（Precision）、召回率（Recall）、错误率（Error rate）和 F_1 函数。鉴于本书的重点为数据分析相关知识与技能，有兴趣的读者可以自行搜索和了解各指标的定义和意义。

为了更充分地分析 7.5.2 小节构建的 CNN 模型的学习能力，有必要在测试之前了解模型在训练阶段的性能表现，以便分析模型对训练数据的适应能力。7.5.2 小节在调用 fit() 时使用变量 history 保存 fit() 的返回参数，因此可以通过读取 history 变量来获取训练阶段的中间结果。下面的代码用于检查训练结果返回的中间结果参数集合。

```
history_dict = history.history
history_dict.keys()
        #输出: dict_keys(['val_loss', 'val_accuracy', 'loss', 'accuracy'])
```

参考代码输出，得知中间结果包括 4 个指标，分别为 val_loss（验证集损失）、val_accuracy（验证集准确率）、loss（训练集损失）、accuracy（训练集准确率）。接下来，用可视化方式呈现准确率变化趋势。

```
plt.rcParams['font.sans-serif'] = ['SimHei']
plt.rcParams['axes.unicode_minus'] = False
train_acc_values = history_dict['accuracy']
val_acc_values = history_dict['val_accuracy']

epochs = range(1, len(loss_values) + 1)
```

```
plt.plot(epochs, acc_values, label='训练集准确率', marker='*')
plt.plot(epochs, val_acc_values, label='验证集准确率', marker='o')


plt.title('准确率变化趋势')
plt.xlabel('批次')
plt.ylabel('数值')
plt.legend(loc="lower right")
plt.show()
```

得到的准确率变化趋势图如图 7-28 所示，从中可以发现批次的增加会提高模型在两个数据集的准确率，但是提升效果不尽相同。虽然模型在训练集上的准确率一直在提高，但第 3 批次后验证集上的准确率提升曲线较为平坦，表示后续训练轮次的增加并没有显著地提高模型的泛化能力。因此，训练模型时可以设置 epochs=3，既能加快模型的训练速度，又不会显著降低模型的泛化能力，实现训练速度与泛化能力之间的平衡。有兴趣的读者可以自行绘制模型在两个数据集上的损失值变动情况，并与图 7-28 进行对比与分析，发现两者之间的关联性。

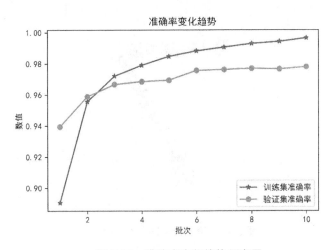

图 7-28 准确率变化趋势示意图

如本小节开篇所述，评价模型的泛化能力需使用全新的测试数据集，其代码如下所示。

```
model.evaluate(X_test, y_test)
```

在测试集上运行 evaluate()方法的输出为：[0.123616363343743, 0.9815999865531921]。其中，两个数值分别表示模型在测试集上的损失和准确率。以测试集上的准确率为参考标准，7.5.2 小节中构建的简单 CNN 模型具有较好的泛化能力，基本能正确地识别样本中的手写数字（100 张图片中只有不到 2 张图片被错误识别）。

给定一个输入样本集 X_test，evaluate(X_test, y_test)计算 X_test 中每个样本的预测类别，将其与正确的分类结果 y_test 进行对比，从而评估基于 X_test 的模型性能。虽然 evaluate()

能给出模型的整体性能表现，但考虑到 X_test 样本分属于 10 个类别，因此如果能够分析模型在不同类别样本上的性能差异，则能为模型优化提供更全面的参考。为实现上述目标，需获取模型在给定样本上的计算输出，并将其与正确类别进行对比、统计和分析。Keras 提供了 predict()方法，用于计算和输出给定样本的分类。

```
predict_result = model.predict(X_test)
predict_result[0]
```

predict_result 为一个二维数组，存储了所有测试样本对应的分类预测。predict_result[0] 表示第 1 个测试样本的分类预测，即 predict_result[0][0]表示其属于"0"分类的概率，predict_result[0][1]表示其属于"1"分类的概率，以此类推。给定一个测试样本属于 10 个分类的概率，则其最终预测分类为所属概率最大的分类，如下代码所示。

```
np.argmax(predict_result[0])                    #输出：7
```

使用 plt.imshow()显示第 1 个测试样本图片，验证其预测分类是否符合图片中的手写数字，如图 7-29 所示。

```
plt.imshow(X_test[0].reshape(28,28), cmap=plt.cm.binary)
plt.show()
```

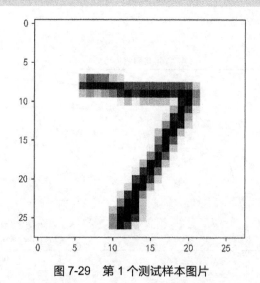

图 7-29　第 1 个测试样本图片

predict_result 存储了 X_test 所有样本在 10 个类别上的所属概率。运行下面代码，获取 X_test 所有样本的预测分类。

```
y_predict = np.argmax(predict_result,axis=1)
y_predict[:5]                            #输出前 5 个测试样本的预测分类
```

X_test 样本的真实分类结果存储于 y_test 中，而 y_test 已被转换为独热编码，因此需对其进行同样操作以获取每个样本的分类。

```
y_test = np.argmax(y_test, axis=1)
```

目前为止，y_predict 和 y_test 分别存储了 X_test 中所有样本的预测分类和真实分类。如果想获取模型在每个分类样本上的性能，只需对比和统计 y_predict 与 y_test 之间的差异。

下面代码将统计预测分类正确及错误的样本数。

```
value, count = np.unique((y_predict == y_test), return_counts=True)
dict(zip(value, count))                    #输出: {False: 184, True: 9816}
```

"y_predict==y_test" 表示逐元素比较 y_predict 和 y_test 之间的值差异，并用 True/False 表示两个数组中对应位置的两个元素相等/不相等，最后返回一个布尔型数组。通过设置参数 return_counts=True，np.unique()方法将统计前述代码返回的布尔型数组中的每个数值出现的次数，其结果显示预测正确和错误的样本数分别为 9816 和 184。

如果需获取被错误分类的样本，以便统计模型在细分分类上的性能表现，则需使用 argwhere()，如下面代码所示。

```
compare_result = np.argwhere(y_predict != y_test).reshape(-1)
```

argwhere()返回输入数组中非 0 元素的下标集合（注意：不是返回非 0 元素）。请读者自行思考 argwhere(y_predict != y_test)的计算过程以及输出结果的含义。不同于通常的查找方法，argwhere()返回值的类型为二维数组，因此需要利用 reshape()将其转换为一维数组，以便后续处理。转换完毕后，查看前 5 个被错误分类的样本下标。

```
compare_result[:5]
```

输出：[321,340,445,447,582]。注意：不同计算机、不同系统的运行结果会有差异。接下来运行下面代码，查看前 10 个错误分类的具体信息。

```
for i in compare_result[:10]:
    print("%d ---> %d" % (y_test[i], y_predict[i]))
```

利用可视化技术显示前 9 个被错误分类的样本及分类信息。

```
fig = plt.figure(figsize=(12,12))
count = 1
for i in compare_result[:9]:
    ax = fig.add_subplot(3,3,count)
    plt.imshow(X_test[i], cmap = plt.cm.binary)
    plt.text(5, 3, "正确: %d,错误: %d"%(y_test[i],y_predict[i]), size=15)
    count = count + 1
plt.savefig("前 9 个被错误分类的样本.png", bbox_inches='tight',pad_inches=0.0,
dpi= 600)
plt.show()
```

查看图 7-30 所示的运行结果，发现被错误分类的样本中的数字特征较为模糊，即便人工分辨也容易出错，如第 2 个错误样本中的 "5" 缺少上面的横线，因此容易被误认为 3；又如第 7 个错误分类样本中的 "1" 与手写 "7" 非常相似，因此容易被错误识别。这些错误样本从另外一个角度间接证明：对于 MNIST 这样一个图片特征较为简单的数据集，CNN 具有很强的识别能力。

利用 compare_result 存储的下标，统计不同类别样本被错误分类的数据，如被错误分类的手写数字 "1" 的样本数量。

Python 数据分析（项目式）

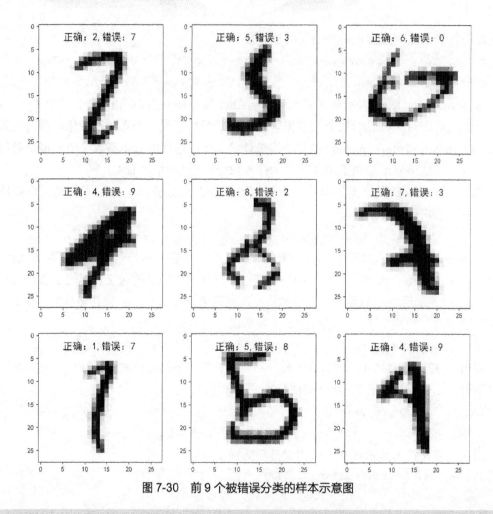

图 7-30　前 9 个被错误分类的样本示意图

```
values, counts = np.unique(y_test[compare_result], return_counts=True)
dict(zip(values, counts))
```

最后，为方便对比不同分类的错误样本数量，使用柱状图进行可视化展示，其运行结果如图 7-31 所示。

```
plt.figure(dpi=600)
plt.bar(x = values, height = counts)
plt.xticks(values)
plt.title("不同类别的错误分类样本数")
plt.xlabel('分类')
plt.ylabel('错误分类的样本数')
plt.show()
```

对比图 7-31 中显示的不同分类的统计数据，发现手写数字 1 被错误识别的数量最少，而手写数字 4、6、7、8、9 被错误识别的数量较多。上述错误分类不均衡的产生原因可能是数字 1 的特征最简单，因此不容易被错误识别；而容易被错误识别的手写数字要么具有相对复杂的特征，要么与其他数字非常相似，因此被错误分类的概率较高。

152

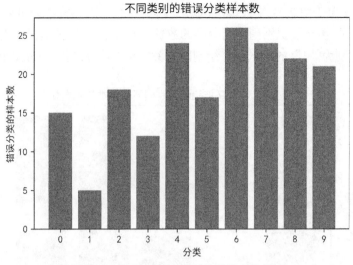

图 7-31 不同类别的错误分类样本数统计

综上所述，本小节对一个简单 CNN 在 MNIST 数据集上的训练和泛化性能进行了多方位、多角度、多层次的分析，演示了评估一个机器学习模型性能的基础步骤，展示了 CNN 强大的图片识别能力。

7.5.4 练习

【练习 7-8】修改 7.5.2 小节中的 CNN 模型中的卷积层参数，例如改变卷积核的数量、卷积核的大小或卷积运算的步长，验证修改后模型的性能变化。

【练习 7-9】修改 7.5.2 小节中的 CNN 模型结构，例如添加多个卷积层，验证修改后模型的性能变化。

【练习 7-10】参考图 7-31，绘制图 7-32 所示的饼图，统计不同分类的错误分类样本比例。

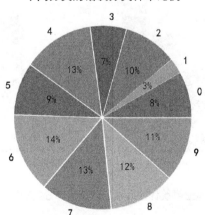

图 7-32 不同分类的错误分类样本比例示意图

【练习 7-11】鉴于图 7-31 中被错误识别的手写数字"6"的样本数量最多，编写代码，分类统计数字"6"被错误识别到不同分类的数量，如数字"6"被错误识别为数字"0"的数量、被错误识别为"1"的数量等，绘制图 7-33 所示的柱状图并分析图中数据。

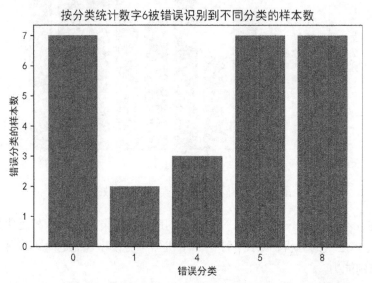

图 7-33　按分类统计数字 6 被错误识别到不同分类的样本数示意图

【练习 7-12】按分类统计被错误划分到某一分类的样本数，如被错误识别为"0"的样本数、被错误识别为"1"的样本数等，绘制图 7-34 所示的柱状图并分析图中数据。

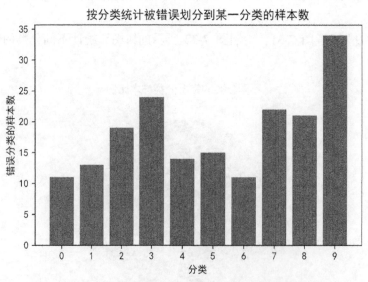

图 7-34　按分类统计被错误划分到某一分类的样本数示意图

【练习 7-13】鉴于图 7-34 中被错误识别为 9 的测试样本数量最多，编写代码，按分类统计被错误识别为"9"的样本数，如真实分类为"0"但是被识别为"9"的样本数、真实

分类为 "1" 但是被错误识别为 "9" 的样本数等,将统计数据按照样本数进行降序排列,绘制图 7-35 所示的柱状图并分析图中数据。

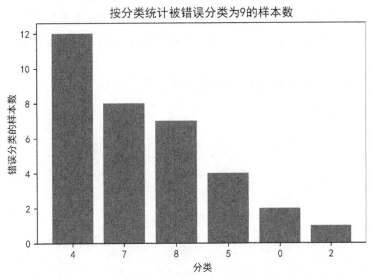

图 7-35　按分类统计被错误分类为 9 的样本数示意图

7.6　项目总结

自 1956 年首次提出人工智能概念以来,经过无数研发者的研发和创新,人工智能从最初的模糊概念萌芽发展、壮大成为一棵科技 "参天大树",以基础数学原理、数学模型、GPU 硬件、大规模并行计算为根须,以大数据、云计算、机器学习、深度学习技术为躯干,在交通、医疗、教育、商业、安全、社交、金融等领域开花结果,为当今社会带来令人瞩目的创新、机遇、愿景。人类从懵懂时代一路走来,人工智能是一个进行时,更是一个未来时,承载着人类对自身、对生命、对智能的无穷探索。当一个好奇、惊叹、探索的目光聚焦于人工智能时,不可避免对其起源、壮大、挫折等发展历程产生兴趣,进而了解其强大生命力的来源,发现其无穷创新性的基础。

大数据、数据分析、人工智能是相互关联、互为促进的 3 个领域。大数据提供海量的数据支撑,数据分析对海量数据进行规范、整理、分析、呈现,人工智能对规范数据中隐含的规律进行感知、发现、提取、验证。因此,作为数据分析的最后一部分内容,本项目以人工智能的发展历程、实用原理、创新应用为切入点,介绍了在图像处理、语音识别、自然语言处理等领域获得广泛应用并取得丰硕成果的神经网络;并以基于手写数字识别的 CNN 为例,详细讲述了数据分析技术在机器学习完整流程中各环节的应用,包括数据预处理、模型输出分析、模型性能评估;重点关注了如何使用数据分析技术展示机器学习模型的动态特性、发现模型的优势所在、探索模型的优化可能性。

数据是现代社会赖以生存的基础,是经济活动的载体。如果说 20 世纪是石油的世纪,那么 21 世纪将是"数据"的世纪。展望数据分析的未来，可以肯定的一件事为：数据分析不仅在可预见的未来能获得持续发展的动力，并将成为包括人工智能、物联网、大数据在内的诸多新技术的核心。数据分析技术正在飞速发展，其相关岗位正在不断新设，为相关从业人员提供了广阔的职业发展前景。数据分析的应用领域在不断拓展，从电商网站的用户消费习惯分析，到金融行业的信用分析，再到信息系统的安全屏障构建，无一不呈现蓬勃发展的劲头。

你，准备好成为一名具有竞争力的数据分析工作者了吗？